11G101 图集平法钢筋识图

（规则讲解、三维透视、实例解读）

褚振文　编著

U0392813

中国建筑工业出版社

图书在版编目（CIP）数据

11G101 图集平法钢筋识图（规则讲解、三维透视、实例解读）/褚振文编著. —北京：中国建筑工业出版社，2014.12
ISBN 978-7-112-17596-3

Ⅰ.①1… Ⅱ.①褚… Ⅲ.①钢筋混凝土结构-建筑构图-识别 Ⅳ.①TU375

中国版本图书馆 CIP 数据核字（2014）第 290185 号

本书对《混凝土结构施工图平面整体表示方法制图规则和构造详图》（11G101）系列图集内的平法施工图制图规则、标准构造详图及施工图实例进行导读。全书采用图表形式讲解，比较直观；对图集中难以看懂的图用立体图讲解，易学易懂。

本书适合初学建筑结构设计人员、施工人员、造价人员、监理人员及相关专业的大专院校学生学习。

您若对本书有什么意见、建议或图书出版方面的想法，欢迎发送邮件至289052980@qq.com 交流沟通！

责任编辑：封　毅　张　磊
责任设计：张　虹
责任校对：陈晶晶　刘梦然

11G101 图集平法钢筋识图
（规则讲解、三维透视、实例解读）
褚振文　编著
*
中国建筑工业出版社出版、发行（北京西郊百万庄）
各地新华书店、建筑书店经销
霸州市顺浩图文科技发展有限公司制版
北京同文印刷有限责任公司印刷
*
开本：787×1092 毫米　1/16　印张：12½　字数：309 千字
2015 年 3 月第一版　2017 年 2 月第四次印刷
定价：32.00 元
ISBN 978-7-112-17596-3
（26787）

目　录

第1章　钢筋混凝土构件识图基础知识 ··· 1

1.1　钢筋混凝土施工图中有关符号及图例 ··· 1

1.2　钢筋混凝土构件识图常识 ··· 4

第2章　柱平法施工图 ·· 10

2.1　柱平法施工图制图规则 ··· 10

2.2　柱标准构造详图 ··· 17

2.3　柱平法施工图实例导读 ··· 41

第3章　剪力墙平法施工图 ·· 44

3.1　剪力墙平法施工图制图规则 ··· 44

3.2　剪力墙标准构造详图 ··· 61

3.3　剪力墙平法施工图实例导读 ··· 85

第4章　梁平法施工图 ·· 88

4.1　梁平法施工图制图规则 ··· 88

4.2　梁标准构造详图 ··· 98

4.3　梁平法施工图实例导读 ··· 117

第5章　板平法施工图 ·· 118

5.1　板平法施工图制图规则 ··· 118

5.2　板标准构造详图 ··· 136

5.3　板平法施工图实例导读 ··· 149

第6章　板式楼梯平法施工图 ·· 150

6.1　板式楼梯平法施工图制图规则 ··· 150

6.2　板式楼梯标准构造详图 ··· 157

6.3　板式楼梯平法施工图实例导读 ··· 159

第7章　独立基础平法施工图 ·· 160

7.1　独立基础平法施工图制图规则 ··· 160

7.2　独立基础标准构造详图 ··· 165

7.3　独立基础平法施工图实例导读 ··· 167

第8章　条形基础平法施工图 ·· 168

8.1　条形基础平法施工图制图规则 ··· 168

8.2　条形基础标准构造详图 ··· 172

8.3　条形基础平法施工图实例导读 ··· 175

第9章　梁板式筏形基础平法施工图 ·· 176

9.1　梁板式筏形基础平法施工图制图规则 ··· 176

9.2　梁板式筏形基础标准构造详图 ··· 182

9.3　梁板式筏形基础平法施工图实例导读 ··· 185

第 10 章　桩基承台平法施工图 ··· 186
　10.1　桩基承台平法施工图制图规则 ································· 186
　10.2　桩基承台标准构造详图 ··· 189
　10.3　桩基承台平法施工图实例导读 ································· 193
参考文献 ·· 194

第1章　钢筋混凝土构件识图基础知识

1.1　钢筋混凝土施工图中有关符号及图例

1.1.1　常用构件代号

常用构件代号，如表 1-1 所示。

常用构件代号　　　　　　　　　　　　　　　　表 1-1

序号	名称	代号	序号	名称	代号	序号	名称	代号
1	板	B	19	圈梁	QL	37	承台	CT
2	屋面板	WB	20	过梁	GL	38	设备基础	SJ
3	空心板	KB	21	连系梁	LL	39	桩	ZH
4	槽形板	CB	22	基础梁	JL	40	挡土墙	DQ
5	折板	ZB	23	楼梯梁	TL	41	地沟	DG
6	密肋板	MB	24	框架梁	KL	42	柱间支撑	ZC
7	楼梯板	TB	25	框支梁	KZL	43	垂直支撑	CC
8	盖板或沟盖板	GB	26	屋面框架梁	WKL	44	水平支撑	SC
9	挡雨板或檐口板	YB	27	檩条	LT	45	梯	T
10	吊车安全走道板	DB	28	屋架	WJ	46	雨篷	YP
11	墙板	QB	29	托架	TJ	47	阳台	YT
12	天沟板	TGB	30	天窗架	CJ	48	梁垫	LD
13	梁	L	31	框架	KJ	49	预埋件	M
14	屋面梁	WL	32	刚架	GJ	50	天窗端壁	TD
15	吊车梁	DL	33	支架	ZJ	51	钢筋网	W
16	单轨吊车梁	DL	34	柱	Z	52	钢筋骨架	G
17	轨道连接	DGL	35	框架柱	KZ	53	基础	J
18	车挡	CD	36	构造柱	GZ	54	暗柱	AZ

注：1. 预制混凝土构件、现浇混凝土构件、钢构件和木构件，一般可以采用本表中的构件代号。在绘图中，除混凝土构件可以不注明材料代号外，其他材料的构件可在构件代号前加注材料代号，并在图纸中加以说明。
　　2. 预应力混凝土构件的代号，应在构件代号前加在"Y"，如 Y-DL 表示预应力混凝土吊车梁。

1.1.2　普通钢筋牌号、符号及强度标准值

普通钢筋牌号、符号及强度标准值，如表 1-2 所示。

普通钢筋牌号、符号及强度标准值（N/mm²）　　　　　表 1-2

牌号	符号	公称直径 d/mm	屈服强度标准值 f_{yk}	极限强度标准值 f_{slk}
HPB300	Φ	6～22	300	420
HRB335 HRBF335	Φ ΦF	6～50	335	455
HRB400 HRBF400 RRB400	Φ ΦF ΦR	6～50	400	540
HRB500 HRBF500	Φ ΦF	6～50	500	630

1.1.3　普通钢筋图例

普通钢筋图例应符合表 1-3 的规定。

普通钢筋图例　　　　　表 1-3

序号	名称	图例	说明
1	钢筋横断面	●	—
2	无弯钩的钢筋端部		下图表示长、短钢筋投影重叠时，短钢筋端部表示法
3	带半圆形弯钩的钢筋端部		—
4	带直钩的钢筋端部		—
5	带丝扣的钢筋端部		—
6	无弯钩的钢筋搭接		
7	带半圆弯钩的钢筋搭接		
8	带直钩的钢筋搭接		
9	花篮螺丝钢筋接头		—
10	机械连接的钢筋接头		用文字说明机械连接的方式 （如冷挤压或直螺纹等）

1.1.4　钢筋画法

钢筋画法应符合表 1-4 的规定。

钢筋画法　　　　　表 1-4

序号	说明	图例	示例
1	在结构楼板中配置双层钢筋时，底层钢筋的弯钩应向上或向左，顶层钢筋的弯钩则向下或向右	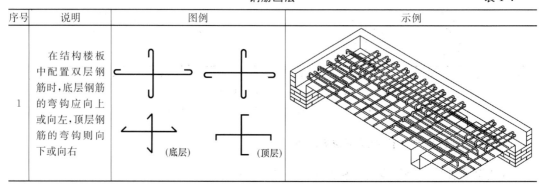	

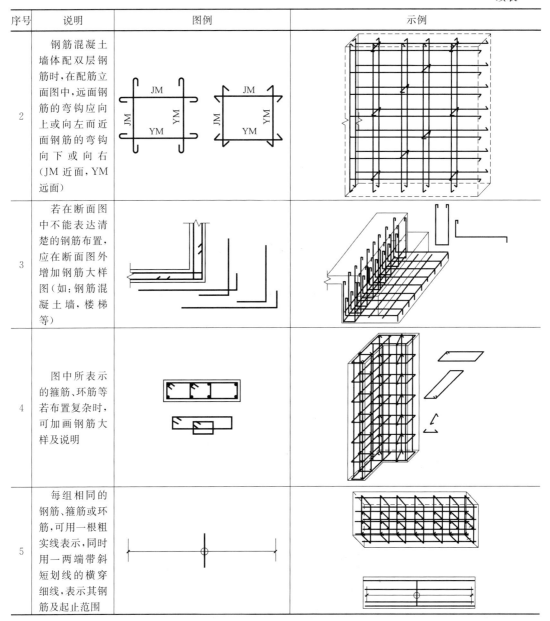

序号	说明	图例	示例
2	钢筋混凝土墙体配双层钢筋时,在配筋立面图中,远面钢筋的弯钩应向上或向左而近面钢筋的弯钩向下或向右(JM近面,YM远面)		
3	若在断面图中不能表达清楚的钢筋布置,应在断面图外增加钢筋大样图(如:钢筋混凝土墙,楼梯等)		
4	图中所表示的箍筋、环筋等若布置复杂时,可加画钢筋大样及说明		
5	每组相同的钢筋、箍筋或环筋,可用一根粗实线表示,同时用一两端带斜短划线的横穿细线,表示其钢筋及起止范围		

1.1.5 钢筋焊接接头

钢筋的焊接接头应符合表 1-5 的规定。

钢筋的焊接接头 表 1-5

序号	名称	接头形式	标注方法
1	单面焊接的钢筋接头		
2	双面焊接的钢筋接头		

序号	名称	接头形式	标注方法
3	用帮条单面焊接的钢筋接头		
4	用帮条双面焊接的钢筋拉头		
5	接触对焊的钢筋接头 （闪光焊、压力焊）		
6	坡口平焊的钢筋接头		
7	坡口立焊的钢筋接头		
8	用角钢或扁钢做连接 板焊接的钢筋接头		
9	钢筋或螺（锚）栓与 钢板穿孔塞焊的接头		

1.2 钢筋混凝土构件识图常识

1.2.1 钢筋在混凝土构件中的作用及命名

钢筋在混凝土构件中的作用及命名，如表 1-6 所示。

钢筋在混凝土构件中的作用及命名 表 1-6

构件名称	构件图例	钢筋在混凝土构件中的作用及命名
梁类		①号、②号钢筋：受力钢筋，承受拉力或是承受压力的钢筋，用于梁、板、柱等； ③号钢筋：架立钢筋，架立钢筋是用来固定箍筋间距的，使钢筋骨架更加牢固； ④号钢筋：分布钢筋，分布钢筋主要用于现浇板内，与板中的受力钢筋垂直放置，主要是固定板内受力钢筋的位置； ⑤号钢筋：箍筋，箍筋是将受力钢筋箍在一起，形成骨架用的，有时也承受外力所产生的应力，箍筋按构造要求配置； ⑥号钢筋：支座负筋，用于板内，布置在板上面的四周
柱类		

4

构件名称	构件图例	钢筋在混凝土构件中的作用及命名
板类		①号、②号钢筋:受力钢筋,承受拉力或是承受压力的钢筋,用于梁、板、柱等; ③号钢筋:架立钢筋,架立钢筋是用来固定箍筋间距的,使钢筋骨架更加牢固; ④号钢筋:分布钢筋,分布钢筋主要用于现浇板内,与板中的受力钢筋垂直放置,主要是固定板内受力钢筋的位置; ⑤号钢筋:箍筋,箍筋是将受力钢筋箍在一起,形成骨架用的,有时也承受外力所产生的应力,箍筋按构造要求配置; ⑥号钢筋:支座负筋,用于板内,布置在板上面的四周

1.2.2 受力钢筋在混凝土构件中的弯钩

受力钢筋在混凝土构件中的弯钩,如表1-7所示。

受力钢筋在混凝土构件中的弯钩　　　　　表 1-7

弯钩名称	弯钩图例	说明
90°弯钩		受力钢筋的弯钩和弯折应符合下列规定: 1. HPB300 级钢筋末端应作 180°弯钩,其弯弧内直径不应小于钢筋直径的 2.5 倍,弯钩的弯后平直部分长度不应小于钢筋直径的 3 倍; 2. 当设计要求钢筋末端需作 135°弯钩时,HRB335 级、HRB400 级钢筋的弯弧内直径不应小于钢筋直径的 4 倍,弯钩的弯后平直部分长度应符合设计要求; 3. 钢筋作不大于 90°的弯折时,弯折处的弯弧内直径不应小于钢筋直径的 4 倍
135°弯钩		
185°弯钩		

1.2.3 箍筋在混凝土构件中的弯钩

箍筋在混凝土构件中的弯钩,如表1-8所示。

箍筋在混凝土构件中的弯钩

表 1-8

箍筋名称	箍筋图例	说明
一般结构	90°/180°	除焊接封闭环式箍筋外,箍筋的末端应作弯钩,弯钩形式应符合设计要求;当设计无具体要求时,应符合下列规定:
一般结构	90°/90°	1. 箍筋弯钩的弯弧内直径除应满足表 1-7 说明的规定外,尚应不小于受力钢筋直径; 2. 箍筋弯钩的弯折角度:对一般结构不应小于 90°;对有抗震等要求的结构应为 135°; 3. 箍筋弯后平直部分长度:对一般结构不宜小于箍筋直径的 5 倍,对有抗震等要求的结构不应小于箍筋直径的 10 倍
抗震结构	135°/135°	

1.2.4 混凝土保护层最小厚度

混凝土保护层最小厚度,如表 1-9 所示。

混凝土保护层最小厚度 (mm)

表 1-9

环境类别	板、墙	梁、柱
一	15	20
二 a	20	25
二 b	25	35
三 a	30	40
三 b	40	50

注:1. 表中混凝土保护层厚度指最外层钢筋外边缘至混凝土表面的距离,适用于设计使用年限为 50 年的混凝土结构。
　　2. 构件中受力钢筋的保护层厚度不应小于钢筋的公称直径。
　　3. 设计使用年限为 100 年的混凝土结构,一类环境中,最外层钢筋的保护层厚度不应小于表中数值的 1.4 倍;二、三类环境中,应采取专门的有效措施。
　　4. 混凝土强度等级不大于 C25 时,表中保护层厚度数值应增加 5。
　　5. 基础底面钢筋的保护层厚度,有混凝土垫层时应从垫层顶面算起,且不应小于 400mm。
　　6. 混凝土结构的环境类别按下表确定:

混凝土结构的环境类别

环境类别	条　　件
一	室内干燥环境; 无侵蚀性静水浸没环境

环境类别	条　　件
二 a	室内潮湿环境； 非严寒和非寒冷地区的露天环境； 非严寒和非寒冷地区与无侵蚀性的水或土壤直接接触的环境； 严寒和寒冷地区的冰冻线以下与无侵蚀性的水或土壤直接接触的环境
二 b	干湿交替环境； 水位频繁变动环境； 严寒和寒冷地区的露天环境； 严寒和寒冷地区冰冻线以上无与侵蚀性的水或土壤直接接触的环境
三 a	严寒和寒冷地区冬季水位变动区环境； 受除冰盐影响环境； 海风环境
三 b	盐渍土环境； 受除冰盐作用环境； 海岸环境
四	海水环境
五	受人为或自然的侵蚀性物质影响的环境

（1）室内潮湿环境是指构件表面经常处于结露或湿润状态的环境。

（2）严寒和寒冷地区的划分应符合现行国家标准《民用建筑热工设计规范》（GB 50176—1993）的有关规定。

（3）海岸环境和海风环境宜根据当地情况，考虑主导风向及结构所处迎风、背负部位等因素的影响，由调查研究和工程经验确定。

（4）受除冰盐影响环境是指受到除冰盐盐雾影响的环境；受除冰盐作用环境是指被除冰盐溶液溅射的环境以及使用除冰盐地区的洗车房、停车楼等建筑。

（5）暴露的环境是指混凝土结构表面所处的环境。

1.2.5　受拉钢筋锚固长度

受拉钢筋锚固长度，如表 1-10 所示。

受拉钢筋锚固长度　　　　　　　　　　　　　　表 1-10

名称	计算公式	说　　明
非抗震受拉钢筋锚固长度	$l_a=\zeta_a l_{ab}$	1. l_a 不应小于 200mm； 2. 锚固长度修正系数 ζ_a 按下表取用，当多于一项时，可按连乘计算，但不应小于 0.6； 受拉钢筋锚固长度修正系数 ξ_a 锚固条件 / ζ_a 带肋钢筋的公称直径大于 25mm　1.10 环氧树脂涂层带肋钢筋　1.25 施工过程中易受扰动的钢筋　1.10 锚固区保护层厚度　3d　0.80；5d　0.70 注：中间时按内插值，d 为锚固钢筋直径 3. ζ_{aE} 为抗震锚固长度修正系数，对一、二级抗震等级取 1.15，对三级抗震等级取 1.05，对四级抗震等级取 1.00； 4. 受拉钢筋基本锚固长度 l_{ab}、l_{abE} 按下表取用；

7

名称	计算公式	说　明

<table>
<tr><th colspan="11">受拉钢筋基本锚固长度 l_{ab}、l_{abE}</th></tr>
<tr><th rowspan="2">钢筋种类</th><th rowspan="2">抗震等级</th><th colspan="9">混凝土强度等级</th></tr>
<tr><th>C20</th><th>C25</th><th>C30</th><th>C35</th><th>C40</th><th>C45</th><th>C50</th><th>C55</th><th>≥C60</th></tr>
<tr><td rowspan="3">HPB300</td><td>一、二级（l_{abE}）</td><td>45d</td><td>39d</td><td>35d</td><td>32d</td><td>29d</td><td>28d</td><td>26d</td><td>25d</td><td>24d</td></tr>
<tr><td>三级（l_{abE}）</td><td>41d</td><td>36d</td><td>32d</td><td>29d</td><td>26d</td><td>25d</td><td>24d</td><td>23d</td><td>22d</td></tr>
<tr><td>四级（l_{abE}）
非抗震（l_{ab}）</td><td>39d</td><td>34d</td><td>30d</td><td>28d</td><td>25d</td><td>24d</td><td>23d</td><td>22d</td><td>21d</td></tr>
<tr><td rowspan="3">HRB335
HRBF335</td><td>一、二级（l_{abE}）</td><td>44d</td><td>38d</td><td>33d</td><td>31d</td><td>29d</td><td>26d</td><td>25d</td><td>24d</td><td>24d</td></tr>
<tr><td>三级（l_{abE}）</td><td>40d</td><td>35d</td><td>31d</td><td>28d</td><td>26d</td><td>24d</td><td>23d</td><td>22d</td><td>22d</td></tr>
<tr><td>四级（l_{abE}）
非抗震（l_{ab}）</td><td>38d</td><td>33d</td><td>29d</td><td>27d</td><td>25d</td><td>23d</td><td>22d</td><td>21d</td><td>21d</td></tr>
<tr><td rowspan="3">HRB400
HRBF400
RRB400</td><td>一、二级（l_{abE}）</td><td>—</td><td>46d</td><td>40d</td><td>37d</td><td>33d</td><td>32d</td><td>31d</td><td>30d</td><td>29d</td></tr>
<tr><td>三级（l_{abE}）</td><td>—</td><td>42d</td><td>37d</td><td>34d</td><td>30d</td><td>29d</td><td>28d</td><td>27d</td><td>26d</td></tr>
<tr><td>四级（l_{abE}）
非抗震（l_{ab}）</td><td>—</td><td>40d</td><td>35d</td><td>32d</td><td>29d</td><td>28d</td><td>27d</td><td>26d</td><td>25d</td></tr>
<tr><td rowspan="3">HRB500
HRBF500</td><td>一、二级（l_{abE}）</td><td>—</td><td>55d</td><td>49d</td><td>45d</td><td>41d</td><td>39d</td><td>37d</td><td>36d</td><td>35d</td></tr>
<tr><td>三级（l_{abE}）</td><td>—</td><td>50d</td><td>45d</td><td>41d</td><td>38d</td><td>36d</td><td>34d</td><td>33d</td><td>32d</td></tr>
<tr><td>四级（l_{abE}）
非抗震（l_{ab}）</td><td>—</td><td>48d</td><td>43d</td><td>39d</td><td>36d</td><td>34d</td><td>32d</td><td>31d</td><td>30d</td></tr>
</table>

抗震受拉钢筋基本锚固长度　　计算公式：$l_{aE}＝\zeta_{aE}l_a$

5. HPB300 级钢筋末端应做 180°弯钩，弯后平直段长度不应小于 3d，但作受压钢筋时可不做弯钩；

6. 当锚固钢筋的保护层厚度不大于 5d 时，锚固钢筋长度范围内应设置横向构造钢筋，其直径不应小于 d/4（d 为锚固钢筋的最大直径）；对梁、柱等构件间距不应大于 5d，对板、墙等构件间距不应大于 10d，且均不应大于 100（d 为锚固钢筋的最小直径）

1.2.6　纵向受拉钢筋绑扎搭接长度

纵向受拉钢筋绑扎搭接长度，如表 1-11 所示。

纵向受拉钢筋绑扎搭接长度　　　　　　　　表 1-11

名称	计算公式	说　明
非抗震受拉钢筋绑扎搭接长度	$l_{2l}＝\zeta_l l_a$	1. 当直径不同的钢筋搭接时，l_l、l_{lE} 按直径较小的钢筋计算； 2. 任何情况下不应小于 300mm； 3. 式中 ζ_l 为纵向受拉钢筋搭接长度修正系数，按下表确定；当纵向钢筋搭接接头百分率为表的中间值时，可按内插取值； 纵向受拉钢筋搭接长度修正系数 ζ_l <table><tr><td>纵向钢筋搭接接头面积百分率/%</td><td>≤25</td><td>50</td><td>100</td></tr><tr><td>ζ_l</td><td>1.2</td><td>1.4</td><td>1.6</td></tr></table>
抗震受拉钢筋绑扎搭接长度	$l_{lE}＝\zeta_l l_{aE}$	4. l_a、l_{aE} 分别为非抗震受拉钢筋锚固长度与抗震受拉钢筋基本锚固长度，按本书表 1-10 确定

1.2.7 纵向受力钢筋搭接区箍筋构造

纵向受力钢筋搭接区箍筋构造，如表1-12所示。

纵向受力钢筋搭接区箍筋构造 表 1-12

图例	说明
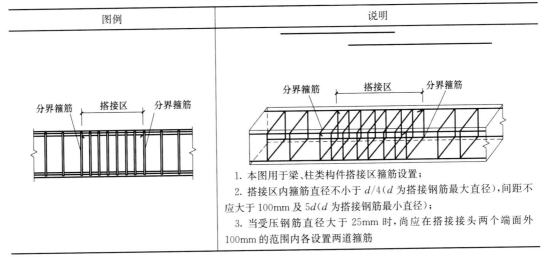	1. 本图用于梁、柱类构件搭接区箍筋设置； 2. 搭接区内箍筋直径不小于 $d/4$（d 为搭接钢筋最大直径），间距不应大于 100mm 及 $5d$（d 为搭接钢筋最小直径）； 3. 当受压钢筋直径大于 25mm 时，尚应在搭接接头两个端面外 100mm 的范围内各设置两道箍筋

第2章 柱平法施工图

2.1 柱平法施工图制图规则

2.1.1 柱平法施工图列表注写方式

柱平法施工图列表注写方式示例，如表 2-1 所示。

柱平法施工图列表注写方式示例 表 2-1

名称	图例及有关规定

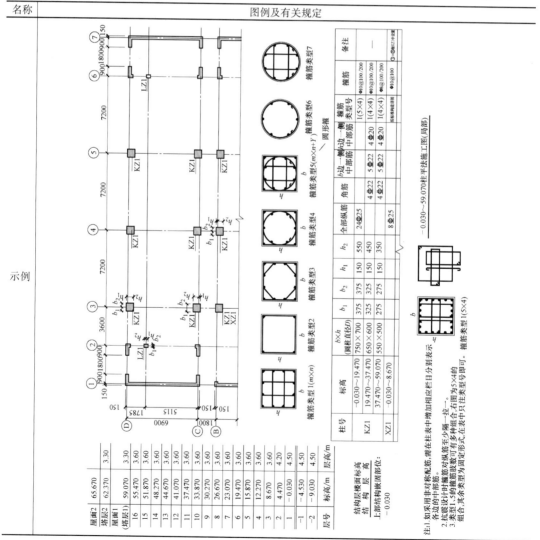

柱平法施工图列表注写方式规则，如表 2-2 所示。

<table>
<tr><th colspan="3">柱平法施工图列表注写方式规则　　　　　　　　　　　　　　　　　　表 2-2</th></tr>
<tr><th>名称</th><th>图例及有关规定</th><th>解释</th></tr>
<tr>
<td>定义</td>
<td>　　列表注写方式,系在柱平面布置图上(一般只需采用适当比例绘制一张柱平面布置图,包括框架柱、框支柱、梁上柱和剪力墙上柱),分别在同一编号的柱中选择一个(有时需要选择几个)截面标注几何参数代号;在柱表中注写柱编号、柱段起止标高、几何尺寸(含柱截面对称轴线的偏心情况)与配筋的具体数值,并配以各种柱截面形状及其箍筋类型图的方式,来表达柱平法施工图</td>
<td></td>
</tr>
<tr>
<td rowspan="2">柱表注写内容规定</td>
<td>

1. 注写柱编号

柱编号由类型代号和序号组成,应符合下表规定:

柱编号

柱类型	代号	序号
框架柱	KZ	××
框支柱	KZZ	××
芯柱	XZ	××
梁上柱	LZ	××
剪力墙上柱	QZ	××

注：编号时，当柱的总高、分段截面尺寸和配筋均对应相同，仅截面与轴线的关系不同时，仍可将其编为同一柱号，但应在图中注明截面与轴线的关系
</td>
<td>

柱号
KZ1
XZ1

</td>
</tr>
<tr>
<td>

2. 注写各段柱的起止标高

注写各段柱的起止标高,自柱根部往上以变截面位置或截面未变但配筋改变处为界分段注写。框架柱和框支柱的根部标高系指基础顶面标高,芯柱的根部标高系指根据结构实际需要而定的起始位置标高,梁上柱的根部标高系指梁顶面标高,剪力墙上柱的根部标高为墙顶面标高

注：(1) 对剪力墙上柱 QZ 11G101—1 图集提供了"柱纵筋锚固在墙顶部"、"柱与墙重叠一层"两种构造做法,设计人员应注明选用哪种做法。当选用"柱纵筋锚固在墙顶部"做法时,剪力墙平面外方向应设梁。

(2) 芯柱就是在框架柱截面中部三分之一左右的核心部位配置附加纵向钢筋及箍筋而形成的内部加强区域。通俗说就是柱中柱,大柱里面有小柱,并且小柱有自己的主筋和箍筋

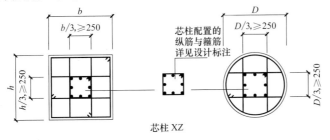

芯柱 XZ
</td>
<td>

标高
−0.030～19.470
19.470～37.470
37.470～59.070

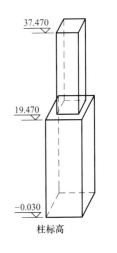

柱标高
</td>
</tr>
</table>

名称	图例及有关规定	解释

图例及有关规定（第一栏）

3. 注写柱截面尺寸

对于矩形柱，注写注截面尺寸 $b \times h$ 及与轴线关系的几何参数代号 b_1、b_2 和 h_1、h_2 的具体数值，需对应于各段柱分别注写。其中 $b=b_1+b_2$，$h=h_1+h_2$，当截面的某一边收缩变化至与轴线重合或偏到轴线的另一侧时，b_1、b_2、h_1、h_2 中的某项为零或为负值。

对于圆柱，表中 $b \times h$ 一栏改用在圆柱直径数字前加 d 表示。为表达简单，圆柱截面与轴线的关系也用 b_1、b_2 和 h_1、h_2 表示，并使 $d=b_1+b_2=h_1+h_2$。

对于芯柱，根据结构需要，可以在某些框架柱的一定高度范围内，在其内部的中心位置设置（分别引注其柱编号）。芯柱截面尺寸按构造确定，并按 11G101—1 图集标准构造详图施工，设计不需注写；当设计者采用与构造详图不同的做法时，应另行注明。芯柱定位随框架柱，不需要注写其与轴线的几何关系

$b \times h$ 圆柱直径	b_1	b_2	h_1	h_2
750×700	375	375	350	350

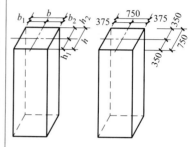

柱截面尺寸注写

柱表注写内容规定

4. 注写柱纵筋

当柱纵筋直径相同，各边根数也相同时（包括矩形柱、圆柱和芯柱），将纵筋注写在"全部纵筋"一栏中；除此之外，柱纵筋分角筋、截面 b 边中部筋和 h 边中部筋三项分别注写（对于采用对称配筋的矩形截面柱，可仅注写一侧中部筋，对称边省略不注）

全部纵筋	角筋	b边一侧中部筋	h边一侧中部筋
22Φ22	4Φ22	5Φ22	4Φ22

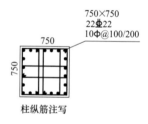

柱纵筋注写

---

5. 注写柱箍筋类型号及箍筋肢数

注写箍筋类型号及箍筋肢数，在箍筋类型栏内注写按箍筋画法规定的箍筋类型号与肢数

箍筋类型号
1(5×4)

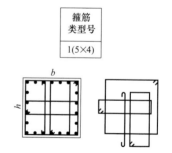

箍筋类型1(5×4)
柱箍筋类型及箍筋肢数注写

名称	图例及有关规定	解释
柱表注写内容规定	6. 注写柱箍筋,包括钢筋级别、直径与间距 (1)当为抗震设计时,用斜线"/"区分柱端箍筋加密区与柱身非加密区长度范围内箍筋的不同间距。施工人员需根据标准构造详图的规定,在规定的几种长度值中取其最大者作为加密区长度。当框架节点核芯区内箍筋与柱端箍筋设置不同时,应在括号中注明核芯区箍筋直径及间距。 【例】φ10@100/250,表示箍筋为HPB300级钢筋,直径10mm,加密区间距为100mm,非加密区间距为250mm。 φ10@100/250(φ12@100),表示柱中箍筋为HPB300级钢筋,直径10mm,加密区间距为100mm,非加密区间距为250mm。框架节点核芯区箍筋为HPB300级箍筋,直径12mm,间距100mm。 (2)当箍筋沿柱全高为一种间距时,则不适用"/"线。 【例】φ10@100,表示沿柱全高范围内箍筋均为HPB300级钢筋,直径10mm,间距为100mm。 (3)当圆柱采用螺旋箍筋时,需在箍筋前加"L"。 【例】Lφ10@100/200,表示采用螺旋箍筋,HPB300级箍筋,直径10mm,加密区间距为100mm,非加密区间距为200mm	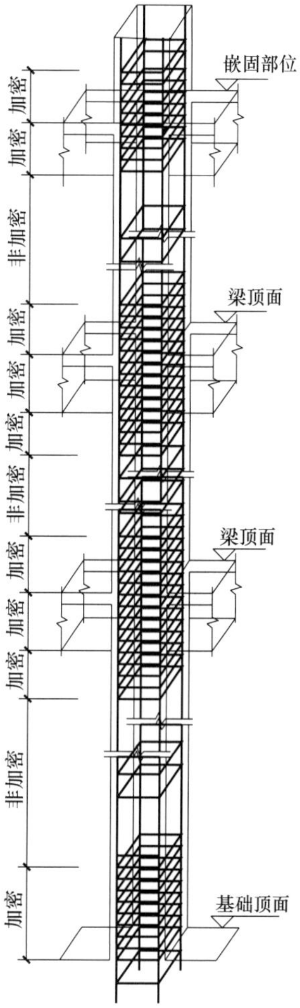 箍筋加密区范围立体图
	7. 箍筋画法 具体工程所设计的各种箍筋类型图以及箍筋复合的具体方式,需画在表的上部或图中的适当位置,并在其上标注与表中相对应的b、h和类型号 注:当为抗震设计时,确定箍筋肢数时要满足对柱纵筋"隔一拉一"以及箍筋肢距的要求	"隔一拉一"就是每隔一根纵筋要拉一道箍筋或拉筋,具体如下图 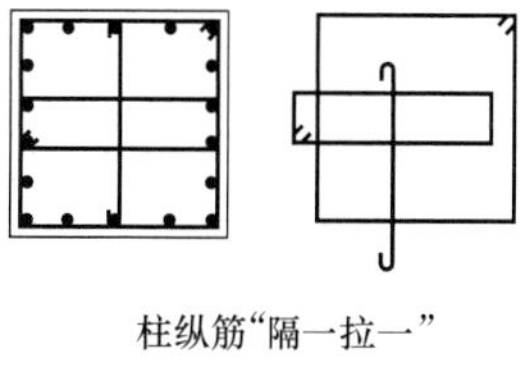 柱纵筋"隔一拉一"

2.1.2 柱平法施工图截面注写方式

柱平法施工图截面注写方式示例，如表 2-3 所示。

柱平法施工图截面注写方式示例   表 2-3

名称	图例及有关规定
示例	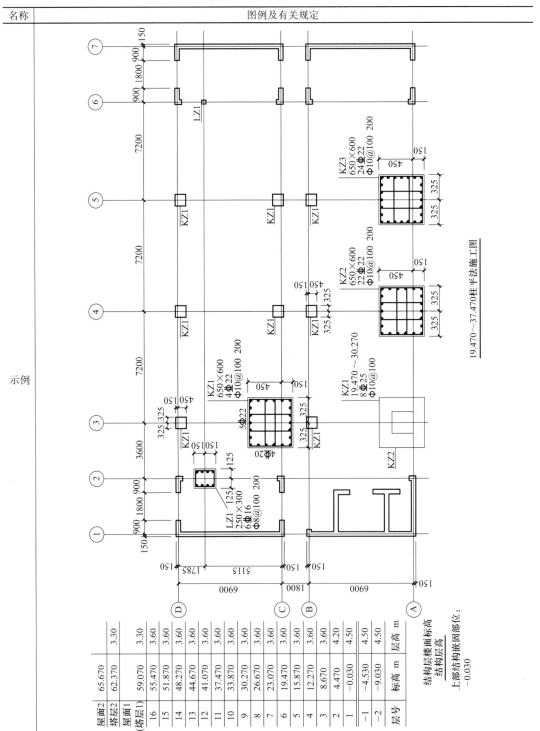

柱平法施工图截面注写方式规则，如表 2-4 所示。

柱平法施工图截面注写方式规则　　　　　　　　　　表 2-4

名称	图例及有关规定	解释
定义	截面注写方式,系在柱平面布置图的柱截面上,分别在同一编号的柱中选择一个截面,以直接注写截面尺寸和配筋具体数值的方式来表达柱平法施工图	
柱平法施工图截面注写方式规则	1. 纵筋相同时的注写 　对除芯柱之外的所有柱截面按柱平法施工图列表注写方式规则的规定进行编号,从相同编号的柱中选择一个截面,按另一种比例原位放大绘制柱截面配筋图,并在各配筋图上继其编号后再注写截面尺寸 b×h、角筋或全部纵筋(当纵筋采用一种直径且能够图示清楚时)、箍筋的具体数值(箍筋的注写方式同柱平法施工图列表注写方式),以及在柱截面配筋图上标注柱截面与轴线关系 b_1、b_2、h_1、h_2 的具体数值 KZ2 500×500 12Φ18 Φ8@100/200 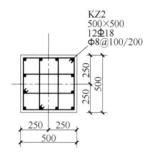 纵筋相同时注写编号、截面、配筋	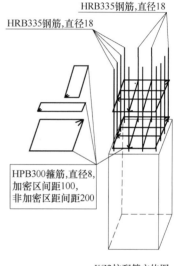 HRB335钢筋,直径18 HRB335钢筋,直径18 HPB300箍筋,直径8,加密区间距100,非加密区距间距200 KZ2柱配筋立体图
	2. 纵筋不相同时的注写 　当纵筋采用两种直径时,需再注写截面各边中部筋的具体数值(对于采用对称配筋的矩形截面柱,可仅在一侧注写中部筋,对称边省略不注) KZ1 500×500 4Φ18;8Φ16 Φ8@100/200 2Φ16 2Φ16 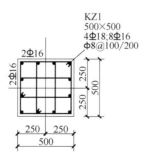 纵筋不同时注写编号、截面、配筋	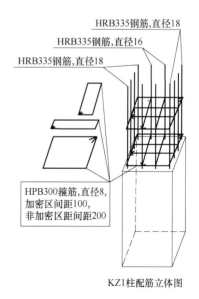 HRB335钢筋,直径18 HRB335钢筋,直径16 HRB335钢筋,直径18 HPB300箍筋,直径8,加密区间距100,非加密区距间距200 KZ1柱配筋立体图

名称	图例及有关规定	解释
柱平法施工图截面注写方式规则	3. 芯柱的注写 当在某些框架柱的一定高度范围内,在其内部的中心位置设置芯柱时,首先按照柱平法施工图列表注写方式的规定进行编号,继其编号之后注写芯柱的起止标高、全部纵筋及箍筋的具体数值(箍筋的注写方式同柱平法施工图列表注写方式),芯柱截面尺寸按构造确定,并按标准构造详图施工,设计不注,当设计者采用与标准构造详图不同的做法时,应另行注明。芯柱定位随框架柱,不需要注写其与轴线的几何关系 XZ1 19.470~30.270 8Φ25 Φ10@100 芯柱XZ注写	HRB400钢筋,直径25,8根 HPB300箍筋,直径10,间距100 XZ1配筋立体图
	4. 截面和配筋均相同,截面与轴线的关系不同时的注写 在截面注写方式中,如柱的分段截面尺寸和配筋均相同,仅截面与轴线的关系不同时,可将其编为同一柱号。但此时应在未画配筋的柱截面上注写该柱截面与轴线关系的具体尺寸 截面和配筋均相同,截面与轴线的关系不同时的注写	
	当绘制柱平面布置图时,如果局部区域发生重叠、过挤现象,可在该区域采用另外一种比例绘制予以消除	

16

2.2 柱标准构造详图

2.2.1 封闭箍筋及拉筋弯钩构造

封闭箍筋及拉筋弯钩构造，如表 2-5 所示。

封闭箍筋及拉筋弯钩构造 表 2-5

名称	图例及有关规定	立体图示意
焊接封闭箍筋（工厂加工）	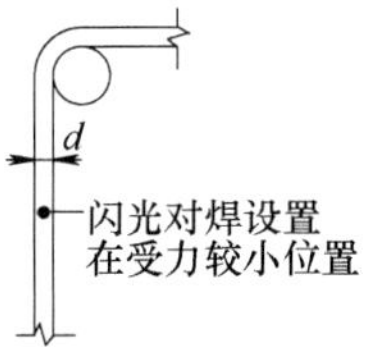 d 闪光对焊设置在受力较小位置	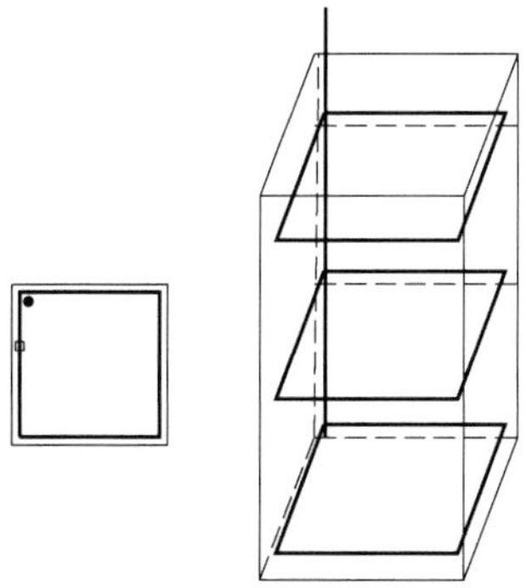
梁、柱封闭箍筋	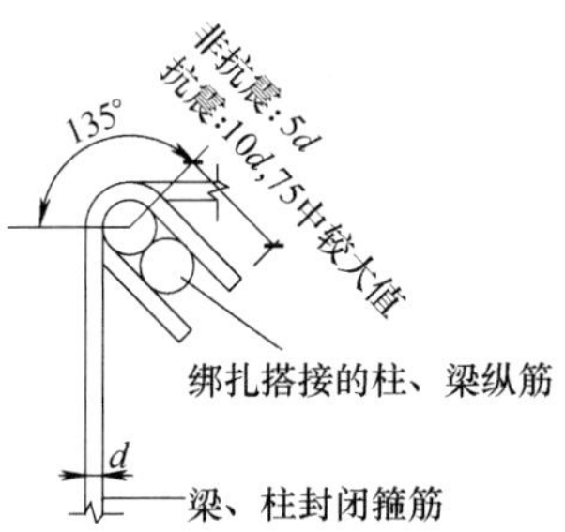 135° 非抗震:5d 抗震:10d,75中较大值 绑扎搭接的柱、梁纵筋 d 梁、柱封闭箍筋	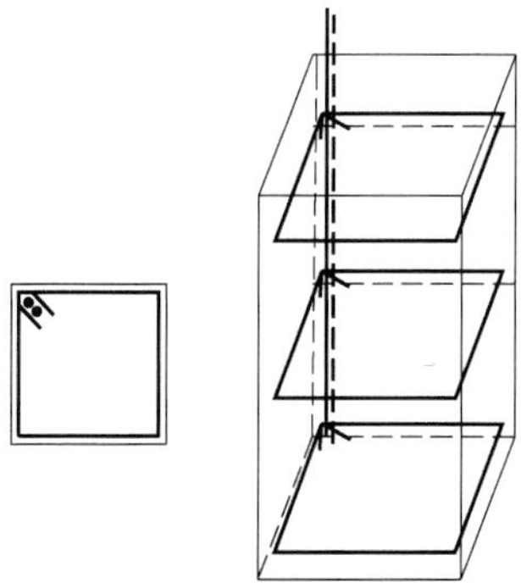
梁、柱封闭箍筋	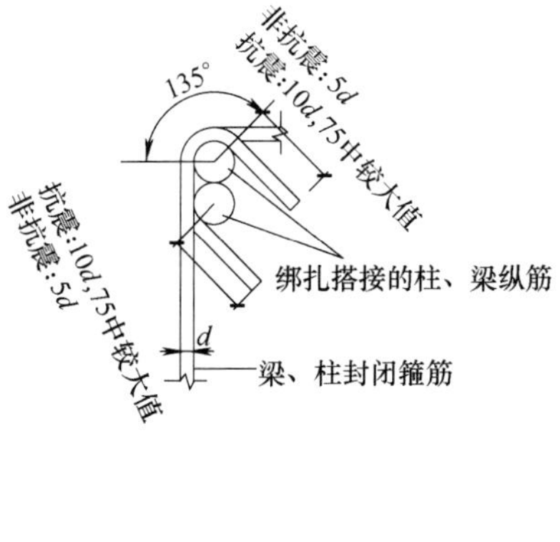 135° 非抗震:5d 抗震:10d,75中较大值 抗震:10d,75中较大值 非抗震:5d 绑扎搭接的柱、梁纵筋 梁、柱封闭箍筋	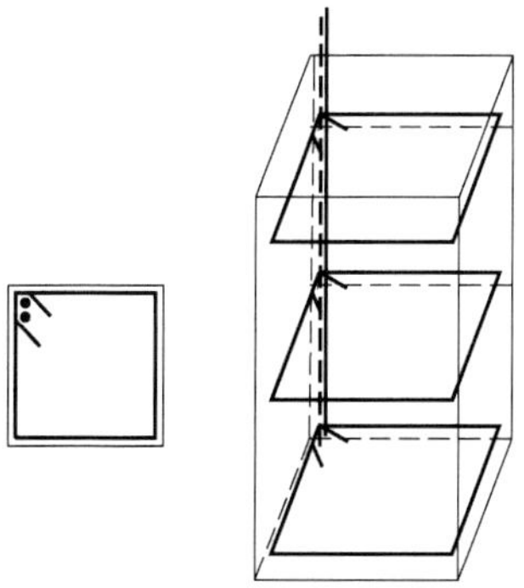

名称	图例及有关规定	立体图示意
拉筋紧靠箍筋并钩住纵筋	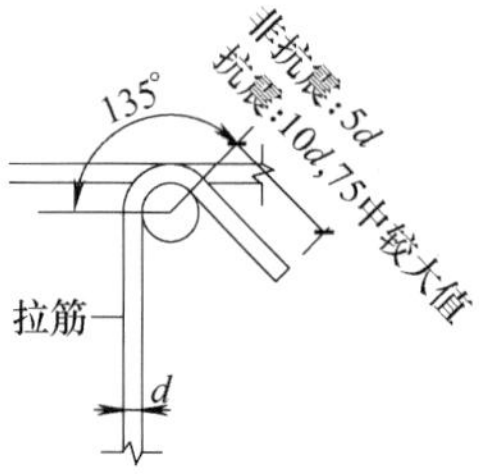 135° 非抗震:5d 抗震:10d,75中较大值 拉筋 d	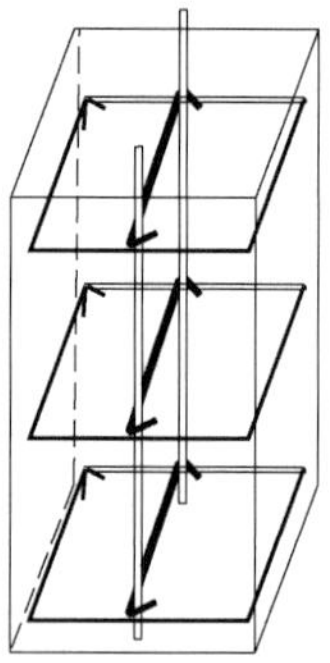
拉筋紧靠纵向钢筋并钩住箍筋	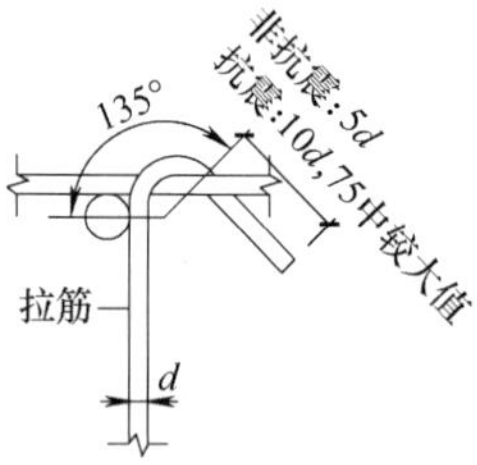 135° 非抗震:5d 抗震:10d,75中较大值 拉筋 d	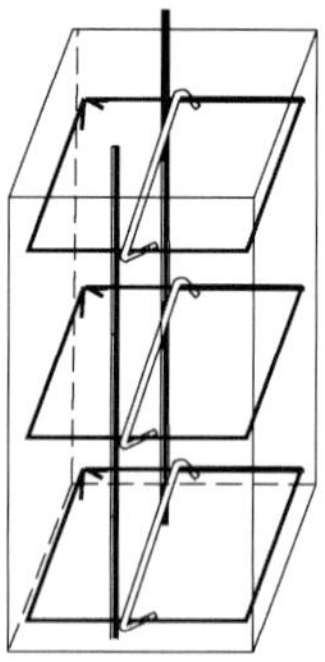
拉筋同时钩住纵筋和箍筋	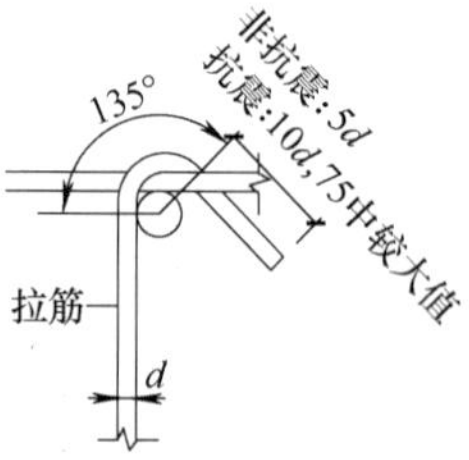 135° 非抗震:5d 抗震:10d,75中较大值 拉筋 d	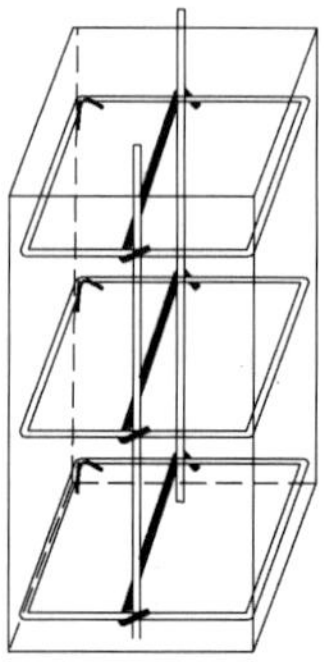

2.2.2 抗震 KZ 纵向钢筋连接构造

抗震 KZ 纵向钢筋连接构造，如表 2-6 所示。

抗震 KZ 纵向钢筋连接构造   表 2-6

名称	图例及有关规定	立体图示意
上下柱钢筋数量相同绑扎搭接	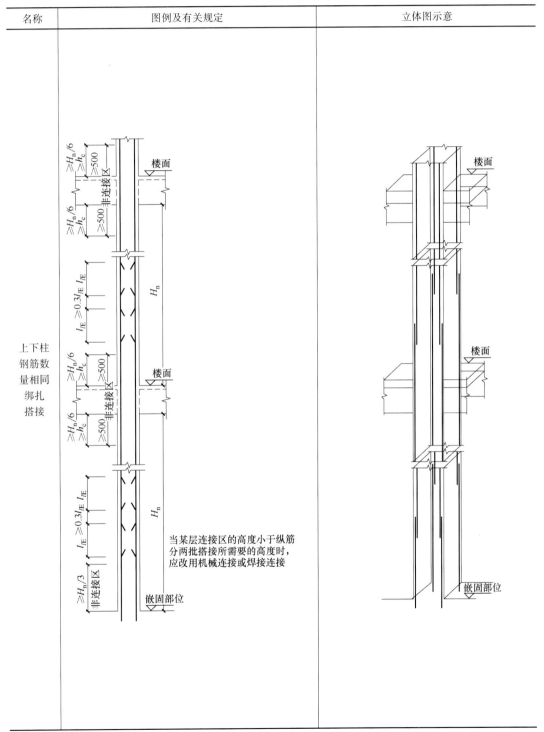 当某层连接区的高度小于纵筋分两批搭接所需要的高度时，应改用机械连接或焊接连接	

名称	图例及有关规定	立体图示意
上柱比下柱多出钢筋绑扎搭接	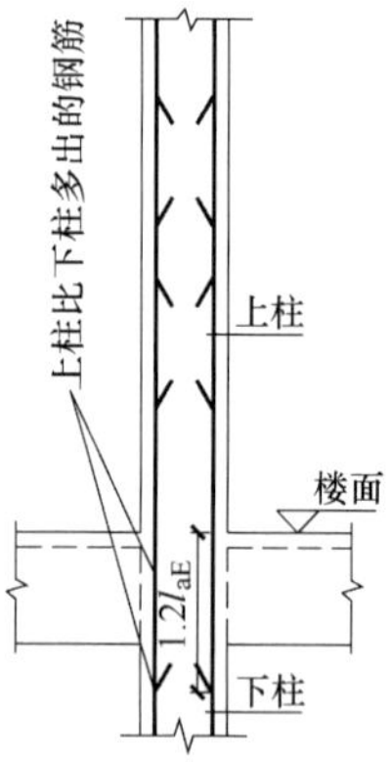	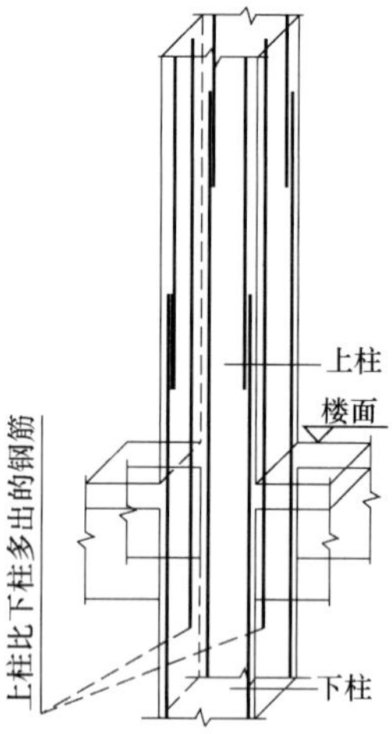
上柱较大直径钢筋绑扎搭接	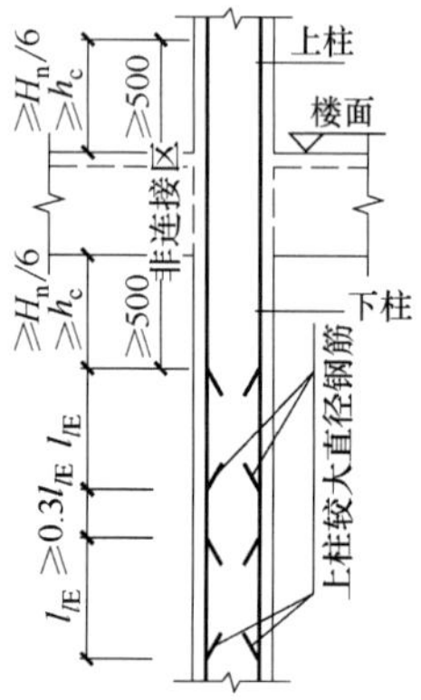	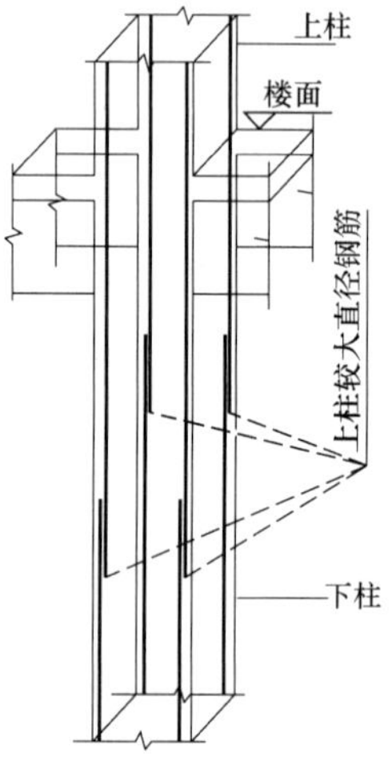

注：1. 柱相邻纵向钢筋连接接头相互错开。在同一截面内钢筋接头面积百分率不宜大于50%。

2. 图中 h_c 为柱截面长边尺寸（圆柱为截面直径），H_n 为所在楼层的柱净高。

3. 柱纵筋绑扎搭接长度见本书1.2.6节。

4. 轴心受拉及小偏心受拉柱内的纵向钢筋不得采用绑扎搭接接头，设计者应在柱平法结构施工图中注明其平面位置及层数。

5. 当嵌固部位位于基础顶面以上时，嵌固部位以下地下室部分柱纵向钢筋连接构造见2.2.3节。

2.2.3 地下室抗震 KZ 纵向钢筋连接构造

地下室抗震 KZ 纵向钢筋连接构造，如表 2-7 所示。

地下室抗震 KZ 纵向钢筋连接构造 表 2-7

名称	图例及有关规定	立体图示意
地下室抗震 KZ 纵向钢筋绑扎搭接	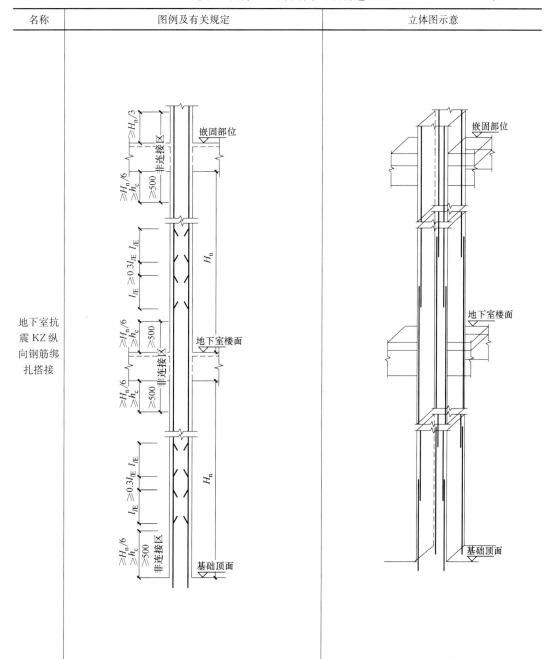	

注：1. 本页图中钢筋连接构造用于嵌固部位不在基础底面情况下地下室部分（基础底面至嵌固部位）的柱。

2. 钢筋连接构造说明见本书 2.2.2 节。

3. 图中 h_c 为柱截面长边尺寸（圆柱为截面直径），H_n 为所在楼层的柱净高。

4. 当某层连接区的高度小于纵筋分两批搭接所需要的高度时，应改用机械连接或焊接连接。

2.2.4 地下室抗震 KZ 箍筋加密区范围

地下室抗震 KZ 箍筋加密区范围，如表 2-8 所示。

地下室抗震 KZ 箍筋加密区范围   表 2-8

名称	图例及有关规定	立体图示意
地下室抗震 KZ 箍筋加密区范围	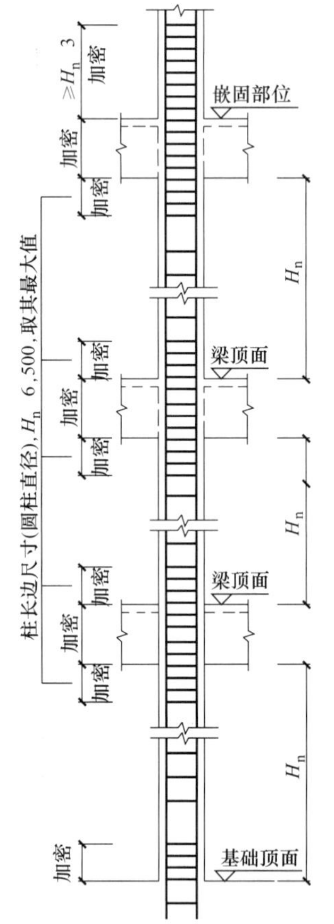	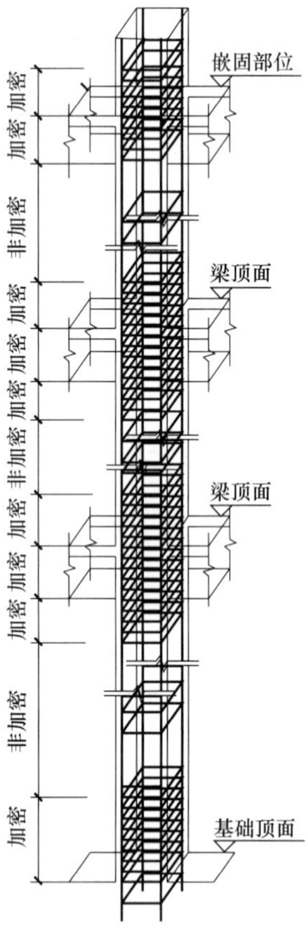

注：1. 本页图中柱箍筋加密区范围用于嵌固部位不在基础底面情况下地下室部分（基础底面至嵌固部位）的柱。
　　2. 图中 H_n 为所在楼层的柱净高。

2.2.5 抗震 KZ 边柱和角柱柱顶纵向钢筋构造

抗震 KZ 边柱和角柱柱顶纵向钢筋构造，如表 2-9 所示。

抗震 KZ 边柱和角柱柱顶纵向钢筋构造　　　　　　　　　　表 2-9

名称	图例及有关规定	立体图示意
Ⓐ	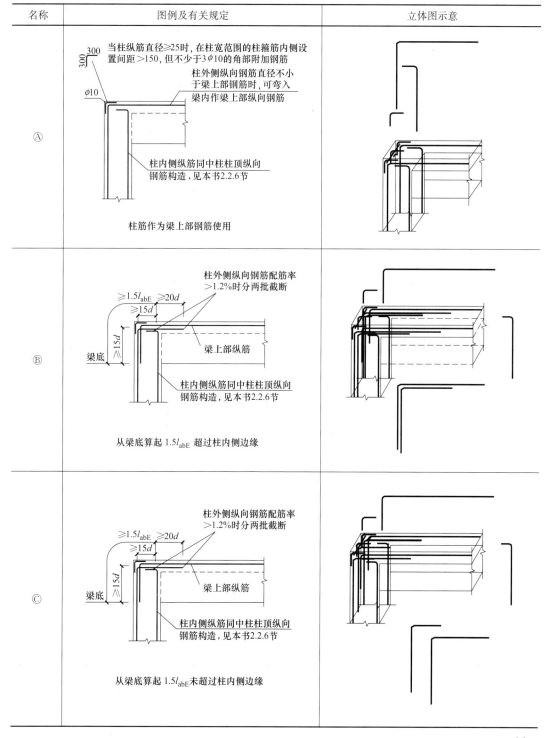 当柱纵筋直径≥25时，在柱宽范围的柱箍筋内侧设置间距＞150，但不少于3ϕ10的角部附加钢筋 柱外侧纵向钢筋直径不小于梁上部钢筋时，可弯入梁内作梁上部纵向钢筋 柱内侧纵筋同中柱柱顶纵向钢筋构造，见本书2.2.6节 **柱筋作为梁上部钢筋使用**	
Ⓑ	柱外侧纵向钢筋配筋率＞1.2%时分两批截断 ≥1.5l_{abE}　≥20d ≥15d ≥15d 梁底 梁上部纵筋 柱内侧纵筋同中柱柱顶纵向钢筋构造，见本书2.2.6节 **从梁底算起1.5l_{abE}超过柱内侧边缘**	
Ⓒ	柱外侧纵向钢筋配筋率＞1.2%时分两批截断 ≥1.5l_{abE}　≥20d ≥15d ≥15d 梁底 梁上部纵筋 柱内侧纵筋同中柱柱顶纵向钢筋构造，见本书2.2.6节 **从梁底算起1.5l_{abE}未超过柱内侧边缘**	

名称	图例及有关规定	立体图示意
①	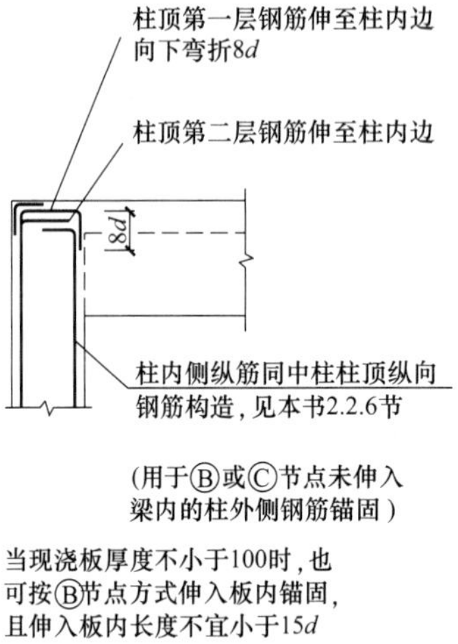 柱顶第一层钢筋伸至柱内边向下弯折8d 柱顶第二层钢筋伸至柱内边 8d 柱内侧纵筋同中柱柱顶纵向钢筋构造,见本书2.2.6节 (用于⑧或ⓒ节点未伸入梁内的柱外侧钢筋锚固) 当现浇板厚度不小于100时,也可按⑧节点方式伸入板内锚固,且伸入板内长度不宜小于15d	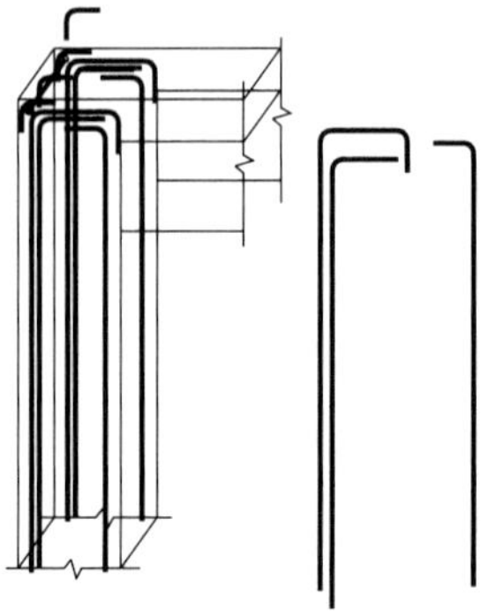
⑥	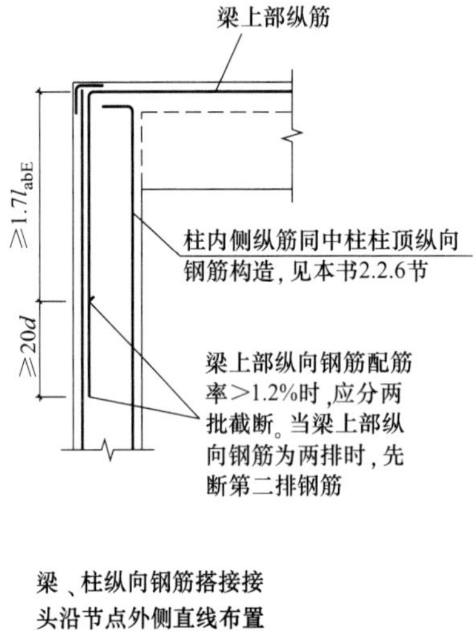 梁上部纵筋 ≥1.7labE ≥20d 柱内侧纵筋同中柱柱顶纵向钢筋构造,见本书2.2.6节 梁上部纵向钢筋配筋率>1.2%时,应分两批截断。当梁上部纵向钢筋为两排时,先断第二排钢筋 梁、柱纵向钢筋搭接接头沿节点外侧直线布置	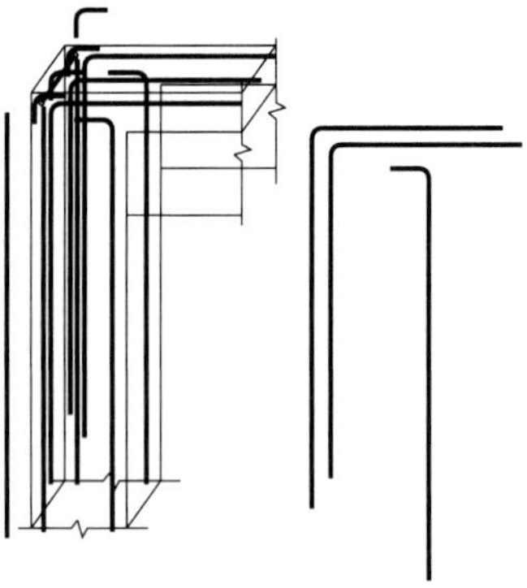
节点纵向钢筋弯折要求	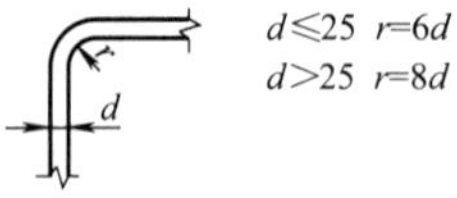 d d≤25 r=6d d>25 r=8d	

注：1. 节点Ⓐ、⑧、ⓒ、①应配合使用,节点①不应单独使用(仅用于未伸入梁内的柱外侧纵筋锚固),伸入梁内的柱外侧纵筋不宜少于柱外侧全部纵筋面积的65%,可选择⑧+①或ⓒ+①或Ⓐ+⑧+①或Ⓐ+ⓒ+①的做法。
  2. 节点⑥用于梁、柱纵向钢筋接头沿节点柱顶外侧直线布置的情况,可与节点Ⓐ组合使用。

2.2.6 抗震 KZ 中柱柱顶纵向钢筋构造

抗震 KZ 中柱柱顶纵向钢筋构造，如表 2-10 所示。

抗震 KZ 中柱柱顶纵向钢筋构造　　　　　　　　　　　表 2-10

名称	图例及有关规定	立体图示意
Ⓐ	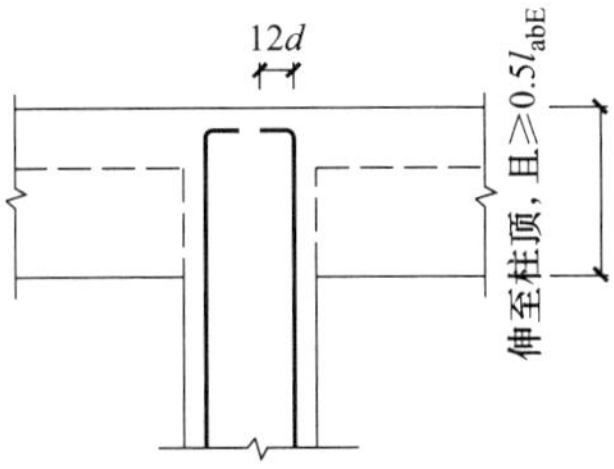	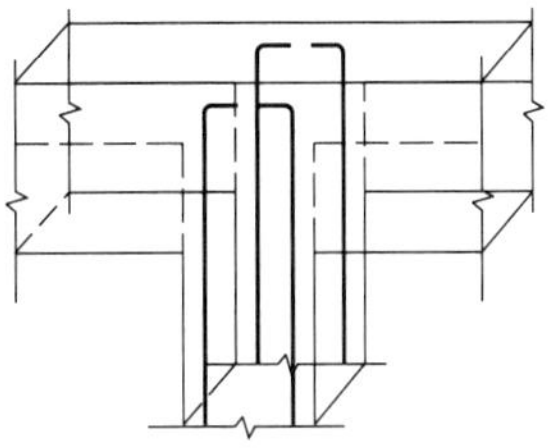
Ⓑ	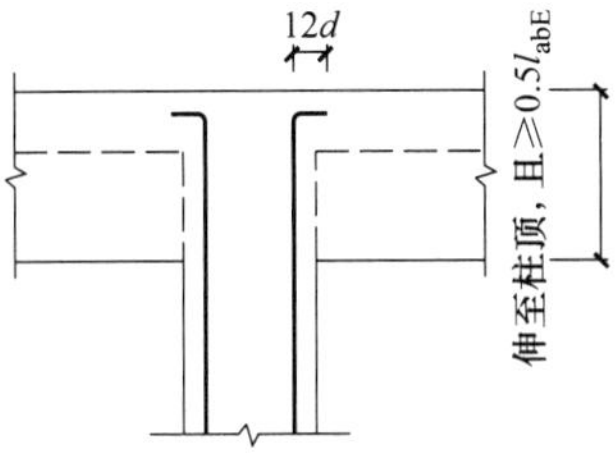 (当柱顶有不小于 100 厚的现浇板)	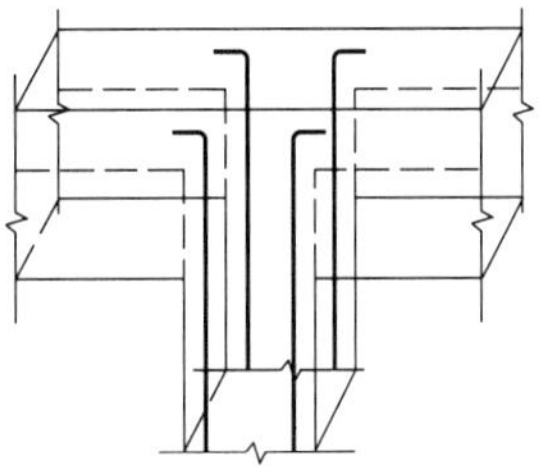
Ⓒ	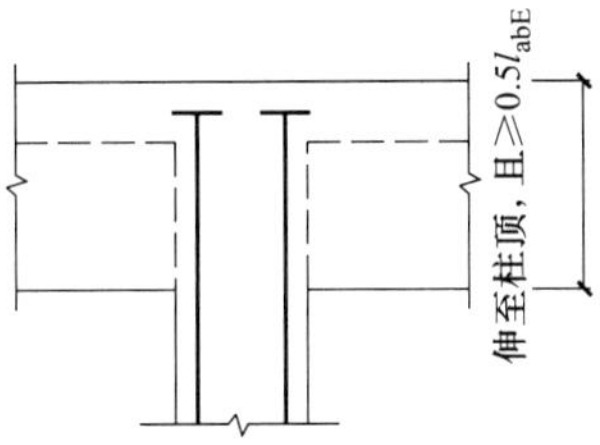 柱纵向钢筋端头加锚头(锚板)	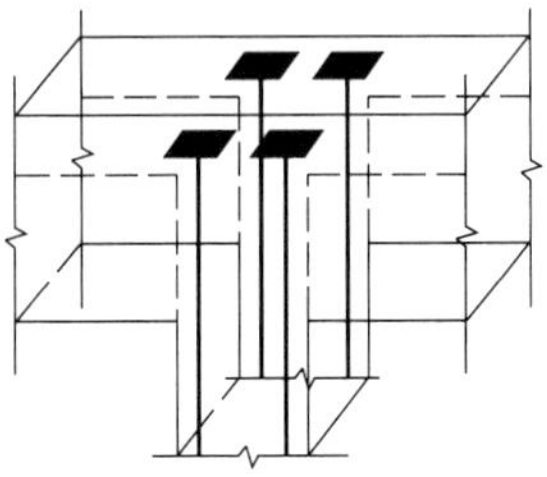
Ⓓ	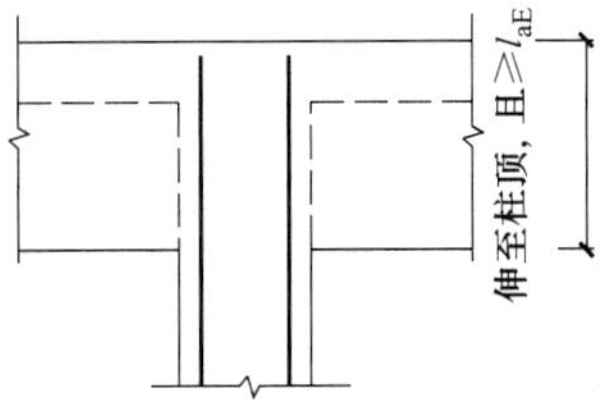 (当直锚长度≥l_{aE}时)	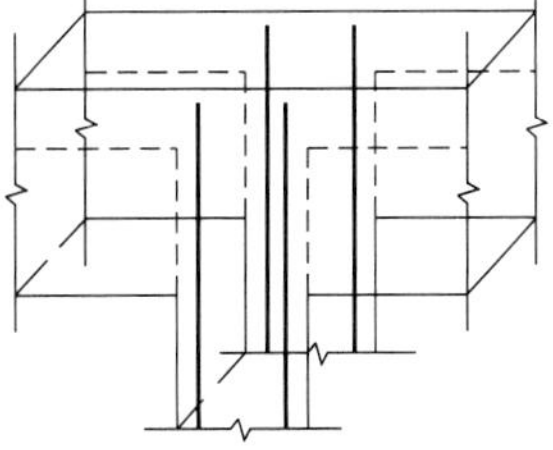

2.2.7 抗震 KZ 柱变截面位置纵向钢筋构造

抗震 KZ 柱变截面位置纵向钢筋构造，如表 2-11 所示。

抗震 KZ 柱变截面位置纵向钢筋构造 表 2-11

名称	图例及有关规定	立体图示意
$\Delta/h_d > 1/6$	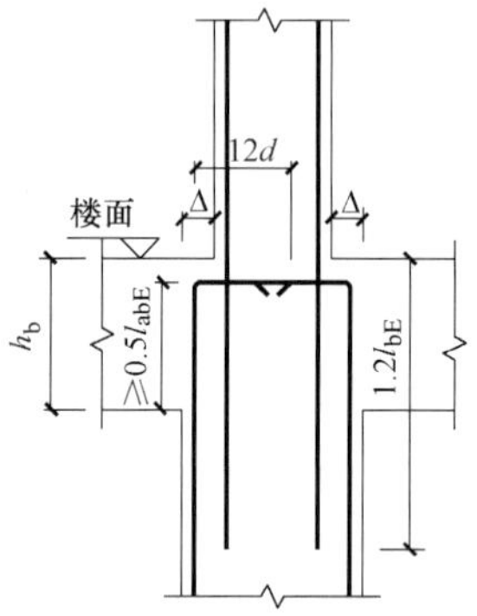	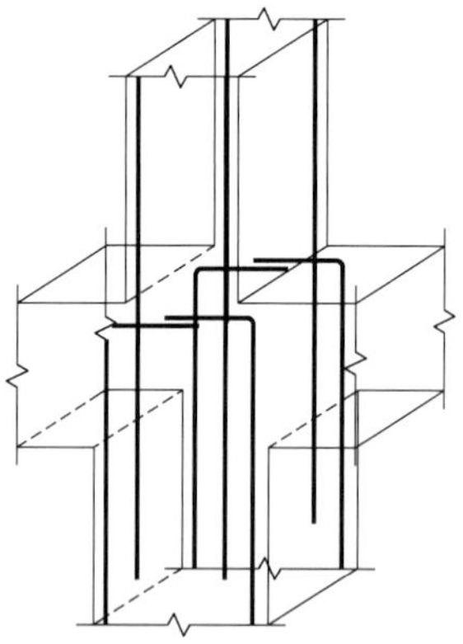
$\Delta/h_b \leqslant 1/6$	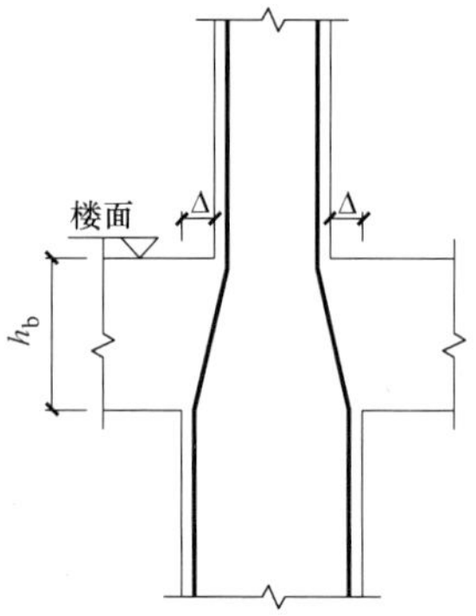	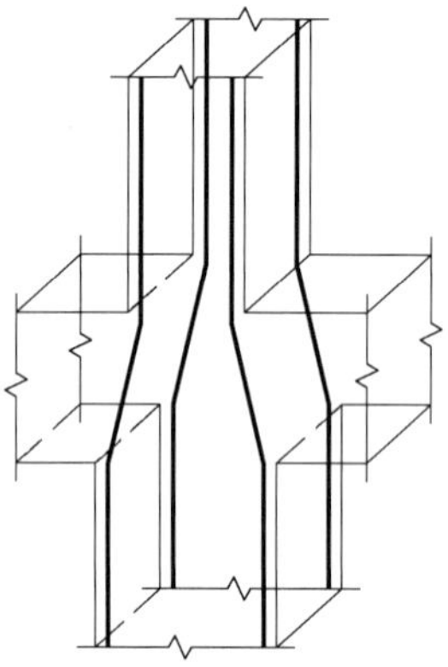
$\Delta/h_b > 1/6$	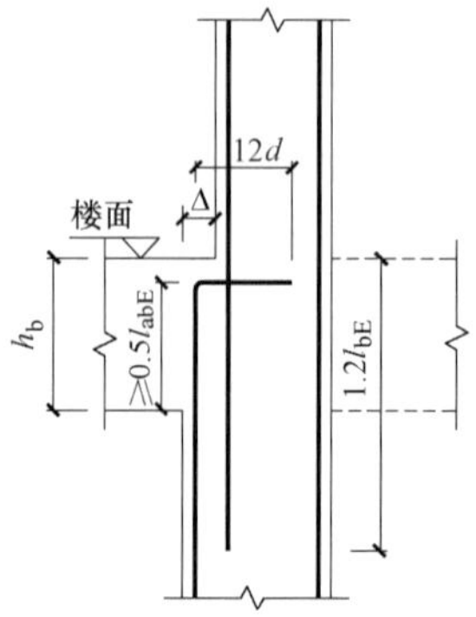	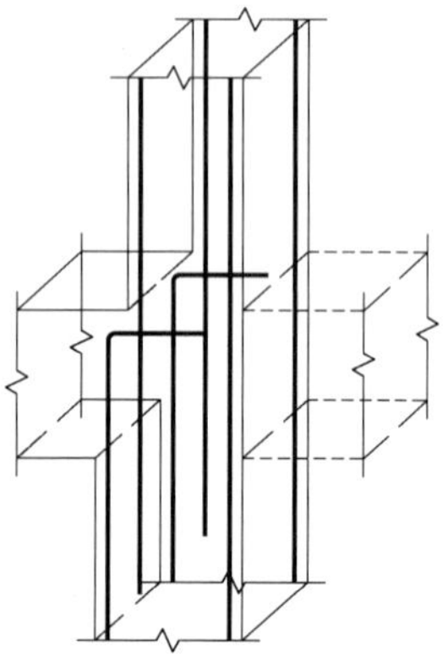

2.2.8 抗震 KZ、QZ、LZ 箍筋加密区范围

抗震 KZ、QZ、LZ 箍筋加密区范围，如表 2-12 所示。

抗震 KZ、QZ、LZ 箍筋加密区范围 表 2-12

名称	图例及有关规定	立体图示意
抗震 KZ、QZ、LZ 箍筋加密区范围	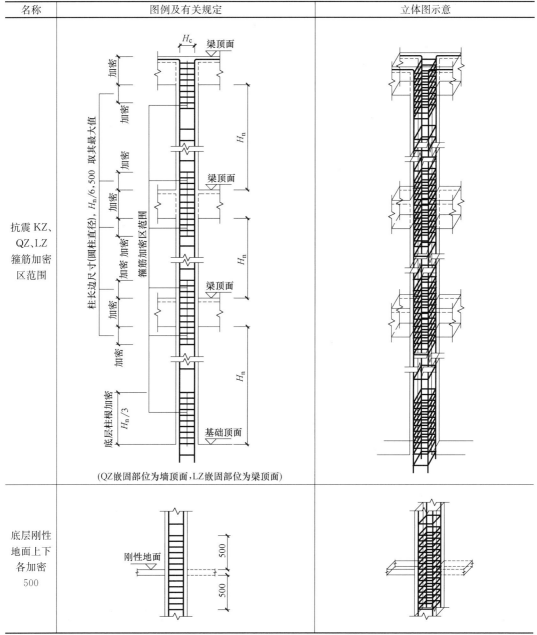 (QZ嵌固部位为墙顶面，LZ嵌固部位为梁顶面)	
底层刚性地面上下各加密 500		

注：1. 除具体工程设计标注有箍筋全高加密的柱外，柱箍筋加密区按本图所示。
　　2. 当柱纵筋采用搭接连接时，搭接区范围内箍筋构造见本书 1.2.7 节。
　　3. 为便于施工时确定柱箍筋加密区的高度，可按本书 2.2.10 节的图表查用。
　　4. 当柱在某楼层各向均无梁连接时，计算箍筋加密范围采用的 H_n 按该跃层柱的总净高取用，其余情况同普通柱。
　　5. 墙上起柱，在墙顶面标高以下锚固范围内的柱箍筋按上柱非加密区箍筋要求配置。梁上起柱，在梁内设两道柱箍筋。

2.2.9　抗震 QZ、LZ 纵向钢筋构造

抗震 QZ、LZ 纵向钢筋构造，如表 2-13 所示。

抗震 QZ、LZ 纵向钢筋构造　　　　　　　　　　　　　　　　　　　表 2-13

名称	图例及有关规定	立体图示意
抗震剪力墙上柱 QZ 纵筋构造	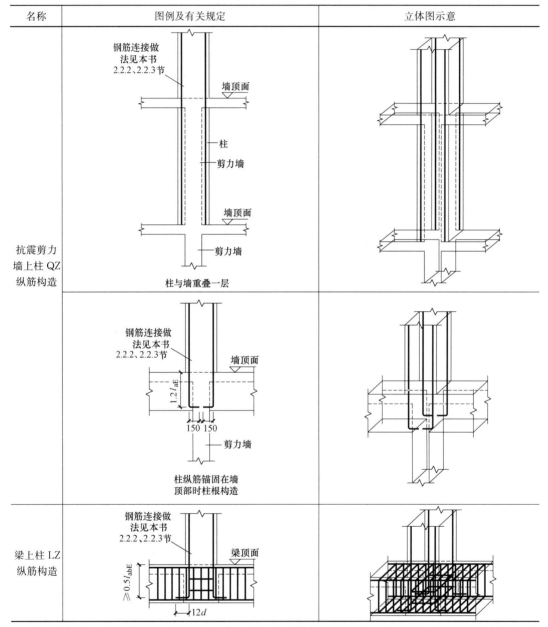	

注：墙上起柱（柱纵筋锚固在墙顶部时）和梁上起柱时，墙体和梁的平面外方向应设梁，以平衡柱脚在该方向的弯矩；当柱宽度大于梁宽时，梁应设水平加腋。

2.2.10　抗震框架柱和小墙肢箍筋加密区高度选用

抗震框架柱和小墙肢箍筋加密区高度选用，如表 2-14 所示。

抗震框架柱和墙肢小墙肢箍筋加密区高度选用（mm）

表 2-14

柱净高 H_n/mm	柱截面长边尺寸 h_c 或圆柱直径 D																		
	400	450	500	550	600	650	700	750	800	850	900	950	1000	1050	1100	1150	1200	1250	1300
1500																			
1800	500																		
2100	500	500	500																
2400	500	500	500	550									箍筋全高加密						
2700	500	500	500	550	600	650													
3000	500	500	500	550	600	650	700												
3300	550	550	550	550	600	650	700	750	800										
3600	600	600	600	600	600	650	700	750	800	850									
3900	650	650	650	650	650	650	700	750	800	850	900	950							
4200	700	700	700	700	700	700	700	750	800	850	900	950	1000						
4500	750	750	750	750	750	750	750	750	800	850	900	950	1000	1050	1100				
4800	800	800	800	800	800	800	800	800	800	850	900	950	1000	1050	1100	1150			
5100	850	850	850	850	850	850	850	850	850	850	900	950	1000	1050	1100	1150	1200	1250	
5400	900	900	900	900	900	900	900	900	900	900	900	950	1000	1050	1100	1150	1200	1250	1300
5700	950	950	950	950	950	950	950	950	950	950	950	950	1000	1050	1100	1150	1200	1250	1300
6000	1000	1000	1000	1000	1000	1000	1000	1000	1000	1000	1000	1000	1000	1050	1100	1150	1200	1250	1300
6300	1050	1050	1050	1050	1050	1050	1050	1050	1050	1050	1050	1050	1050	1050	1100	1150	1200	1250	1300
6600	1100	1100	1100	1100	1100	1100	1100	1100	1100	1100	1100	1100	1100	1100	1100	1150	1200	1250	1300
6900	1150	1150	1150	1150	1150	1150	1150	1150	1150	1150	1150	1150	1150	1150	1150	1150	1200	1250	1300
7200	1200	1200	1200	1200	1200	1200	1200	1200	1200	1200	1200	1200	1200	1200	1200	1200	1200	1250	1300

注：1. 表内数值未包括框架梁嵌固部位柱根部箍筋加密区范围。
2. 柱净高（包括因嵌砌填充墙等形成的柱净高）与柱截面长边尺寸（圆柱为截面长度尺寸）的比值 $H_n/h_c \leqslant 4$ 时，箍筋沿柱全高加密。
3. 小墙肢即墙肢长度不大于墙厚 4 倍的剪力墙。矩形小墙肢的厚度不大于 300mm 时，箍筋全高加密。

2.2.11 非抗震 KZ 纵向钢筋连接构造

非抗震 KZ 纵向钢筋连接构造，如表 2-15 所示。

非抗震 KZ 纵向钢筋连接构造   表 2-15

名称	图例及有关规定	立体图示意
上下柱钢筋数量相同绑扎搭接	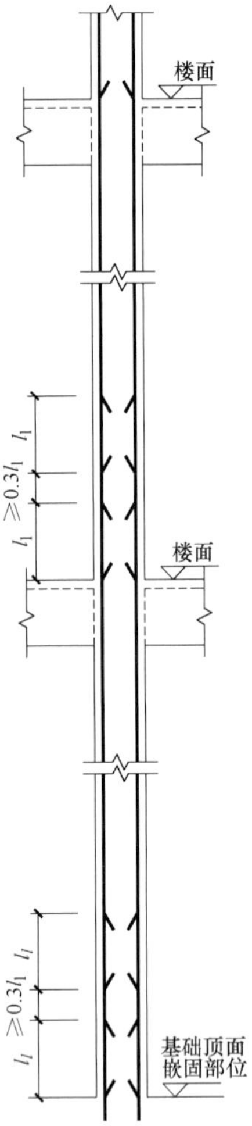	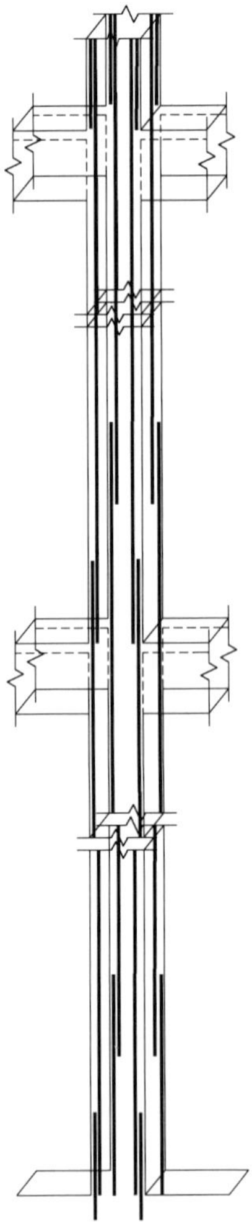

名称	图例及有关规定	立体图示意
上柱比下柱多出钢筋绑扎搭接	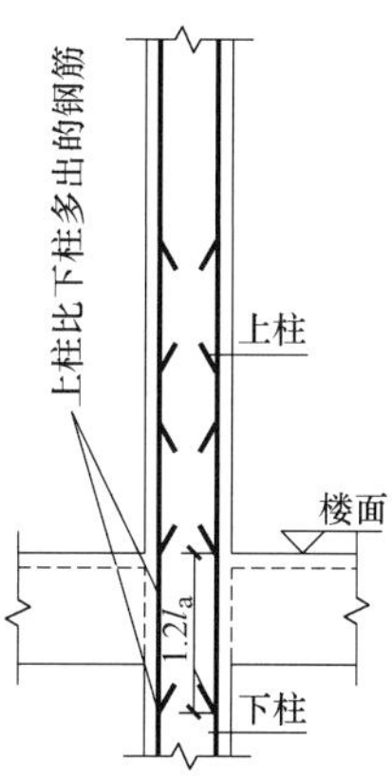	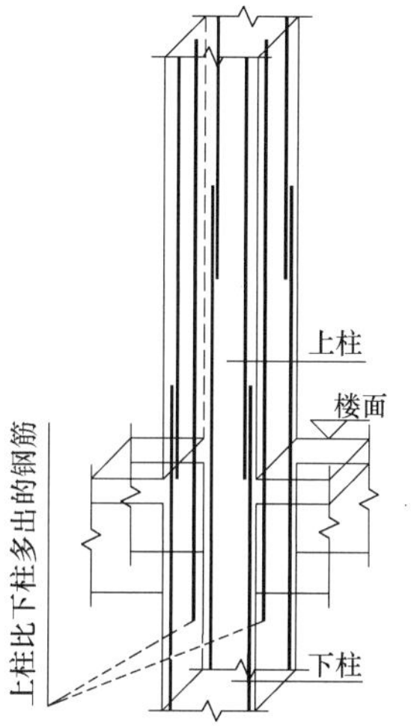
上柱较大直径钢筋绑扎搭接	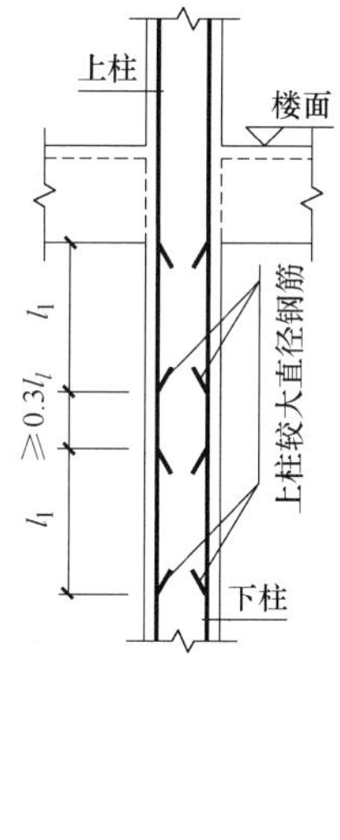	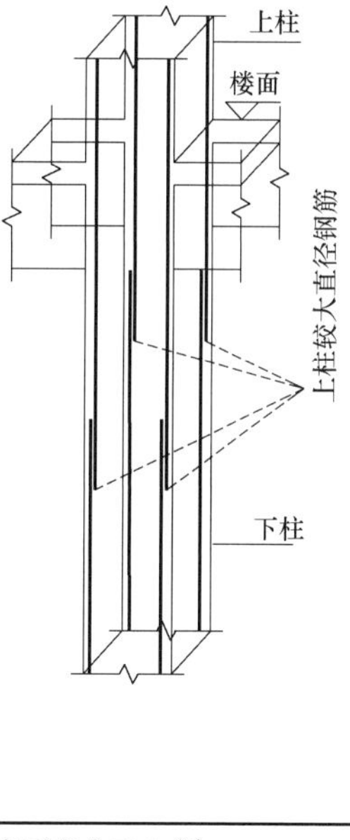

注：1. 柱相邻纵向钢筋连接接头相互错开。在同一截面内钢筋接头面积百分率不宜大于50%。

2. 柱纵筋绑扎搭接长度见本书 1.2.6 节。

3. 轴心受拉及小偏心受拉柱内的纵向钢筋不得采用绑扎搭接接头，设计者应在柱平法结构施工图中注明其平面位置及层数。

4. 图中为绑扎搭接，也可采用机械连接和焊接连接。

2.2.12 非抗震 KZ 边柱和角柱柱顶纵向钢筋构造

非抗震 KZ 边柱和角柱柱顶纵向钢筋构造，如表 2-16 所示。

非抗震 KZ 边柱和角柱柱顶纵向钢筋构造　　　　表 2-16

名称	图例及有关规定	立体图示意
Ⓐ	当柱纵筋直径≥25时，在柱宽范围的柱箍筋内侧设置间距 >150，但不少于3φ10的角部附加钢筋 柱外侧纵向钢筋直径不小于梁上部钢筋时，可弯入梁内作梁上部纵向钢筋 300　300 φ10 柱内侧纵筋同中柱柱顶纵向钢筋构造，见本书2.2.13节 柱筋作为梁上部钢筋使用	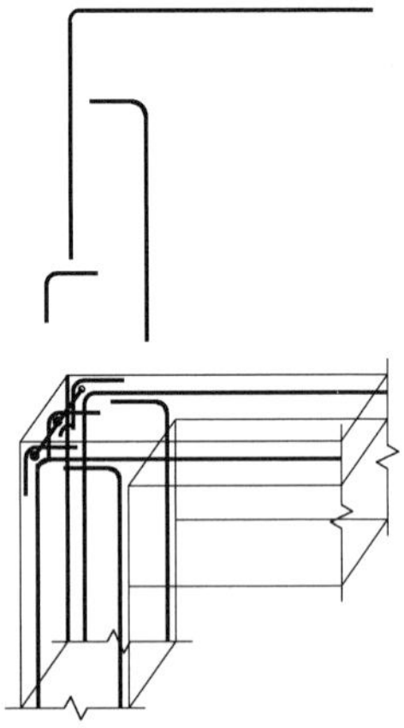
Ⓑ	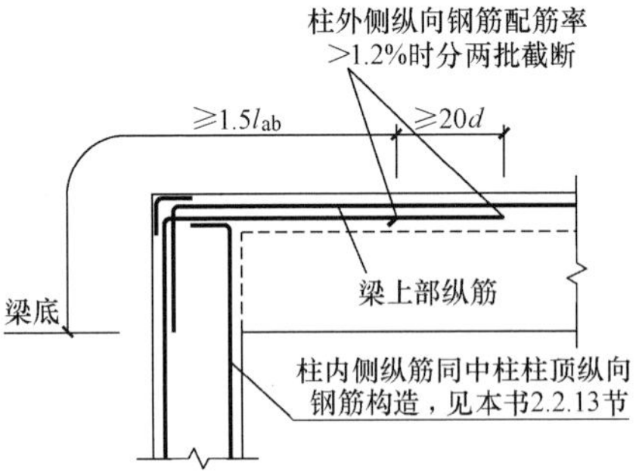 柱外侧纵向钢筋配筋率 >1.2%时分两批截断 ≥1.5l_{ab}　≥20d 梁上部纵筋 梁底 柱内侧纵筋同中柱柱顶纵向钢筋构造，见本书2.2.13节 从梁底算起1.5l_{ab}超过柱内侧边缘	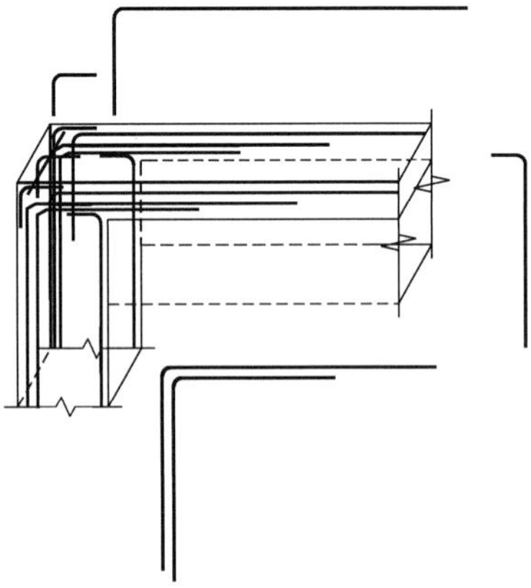
Ⓒ	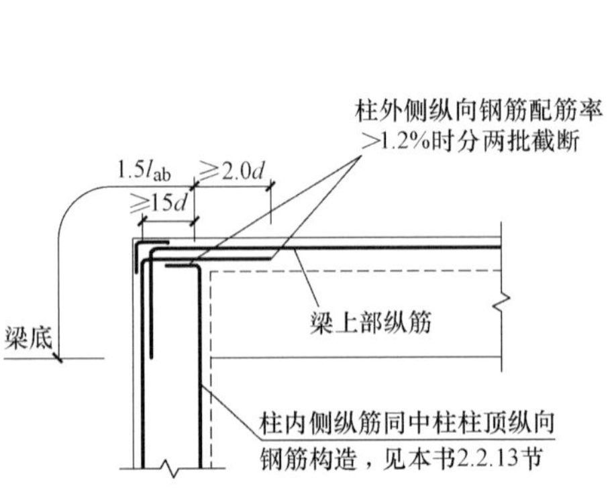 柱外侧纵向钢筋配筋率 >1.2%时分两批截断 1.5l_{ab}　≥2.0d ≥15d 梁上部纵筋 梁底 柱内侧纵筋同中柱柱顶纵向钢筋构造，见本书2.2.13节 从梁底算起1.5l_{ab}未超过柱内侧边缘	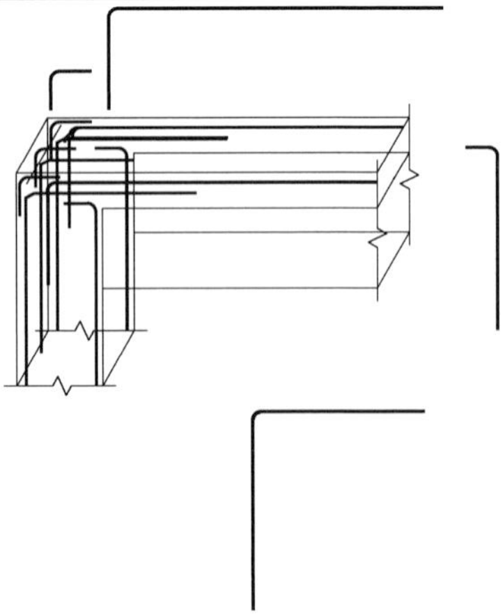

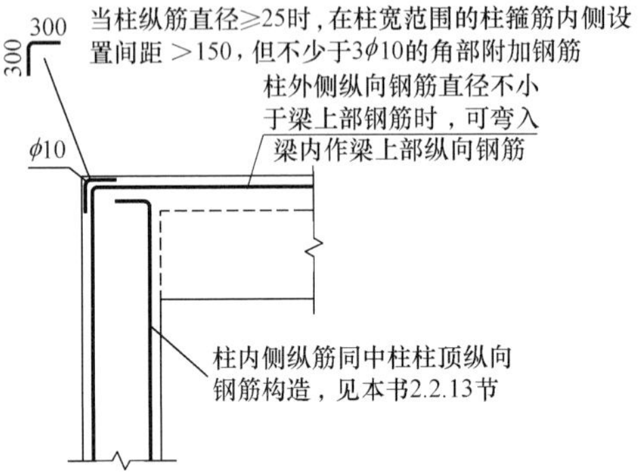

名称	图例及有关规定	立体图示意
Ⓓ	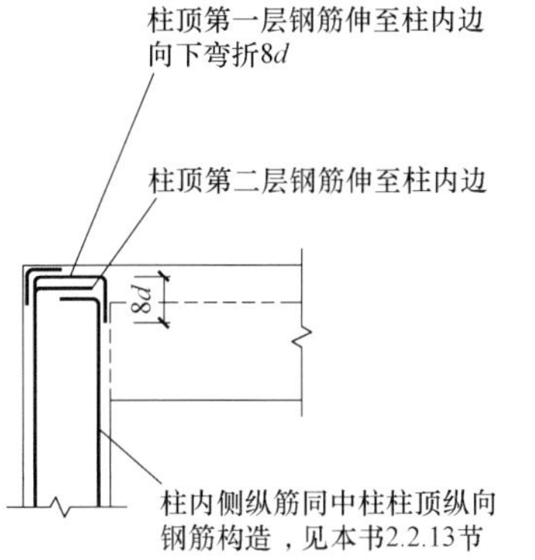 柱顶第一层钢筋伸至柱内边向下弯折8d 柱顶第二层钢筋伸至柱内边 8d 柱内侧纵筋同中柱柱顶纵向钢筋构造，见本书2.2.13节 （用于Ⓑ或Ⓒ节点未伸入梁内的柱外侧钢筋锚固） 当现浇板厚度不小于100时，也可按Ⓑ节点方式伸入板内锚固，且伸入板内长度不宜小于15d	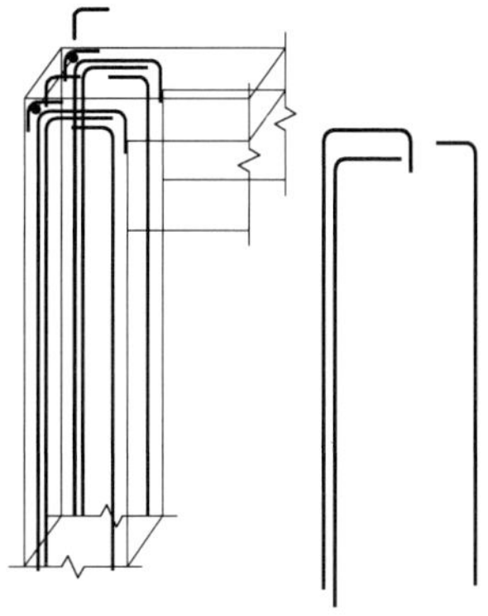
Ⓔ	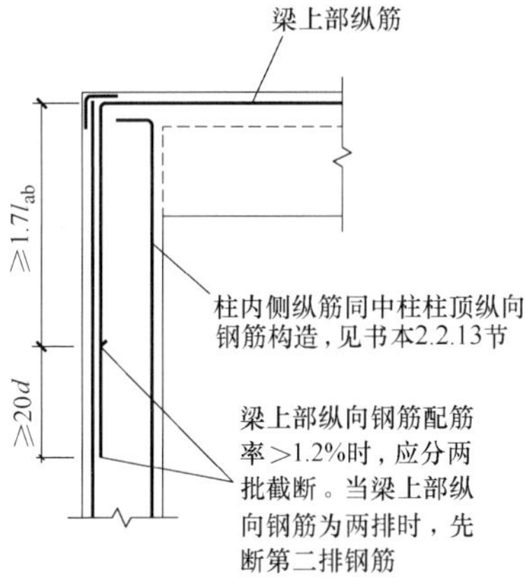 梁上部纵筋 ≥1.7l_{ab} ≥20d 柱内侧纵筋同中柱柱顶纵向钢筋构造，见书本2.2.13节 梁上部纵向钢筋配筋率>1.2%时，应分两批截断。当梁上部纵向钢筋为两排时，先断第二排钢筋 梁、柱纵向钢筋搭接接头沿节点外侧直线布置	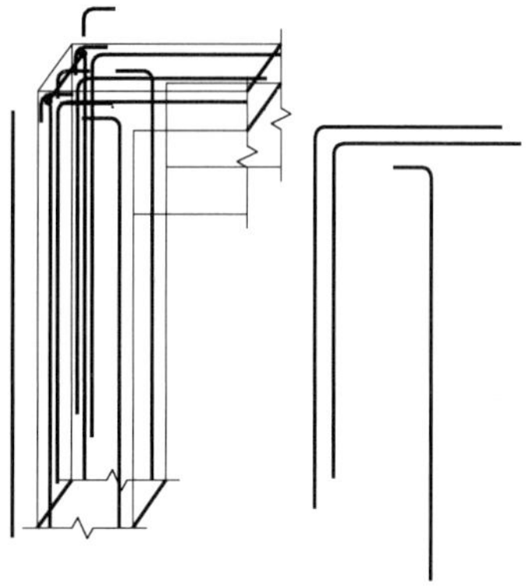
节点纵向钢筋弯折要求	d d≤25 r=6d d>25 r=8d	

注：1. 节点Ⓐ、Ⓑ、Ⓒ、Ⓓ应配合使用，节点Ⓓ不应单独使用（仅用于未伸入梁内的柱外侧纵筋锚固），伸入梁内的柱外侧纵筋不宜少于柱外侧全部纵筋面积的65%，可选择Ⓑ+Ⓓ或Ⓒ+Ⓓ或Ⓐ+Ⓑ+Ⓓ或Ⓐ+Ⓒ+Ⓓ的做法。

2. 节点Ⓔ用于梁、柱纵向钢筋接头沿节点柱顶外侧直线布置的情况，可与节点Ⓐ组合使用。

2.2.13 非抗震 KZ 中柱柱顶纵向钢筋构造

非抗震 KZ 中柱柱顶纵向钢筋构造，如表 2-17 所示。

非抗震 KZ 中柱柱顶纵向钢筋构造　　　　　　　　　　表 2-17

名称	图例及有关规定	立体图示意
Ⓐ	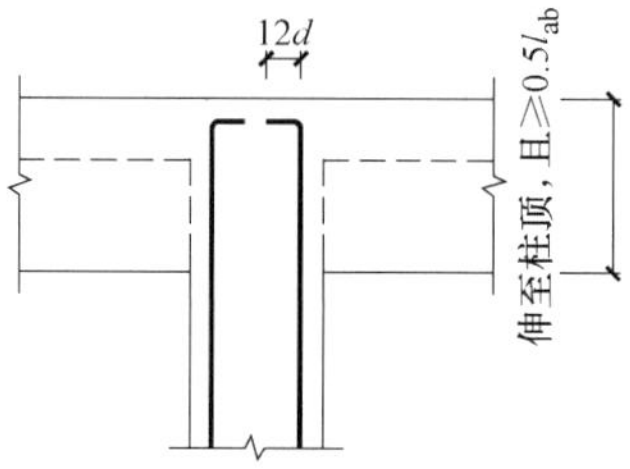 12d 伸至柱顶，且 $\geq 0.5 l_{ab}$	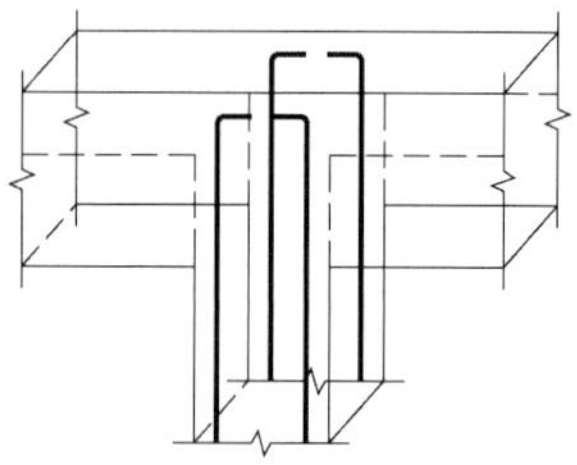
Ⓑ	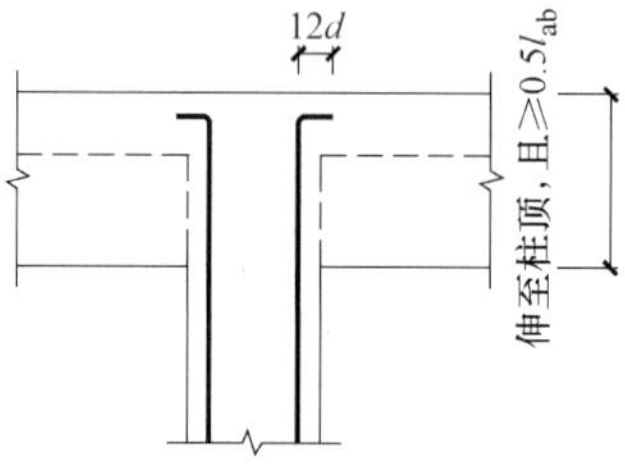 12d 伸至柱顶，且 $\geq 0.5 l_{ab}$ (当柱顶有不小于100厚的现浇板)	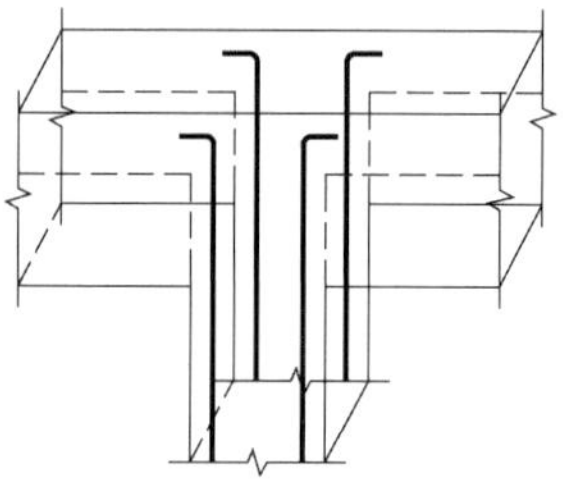
Ⓒ	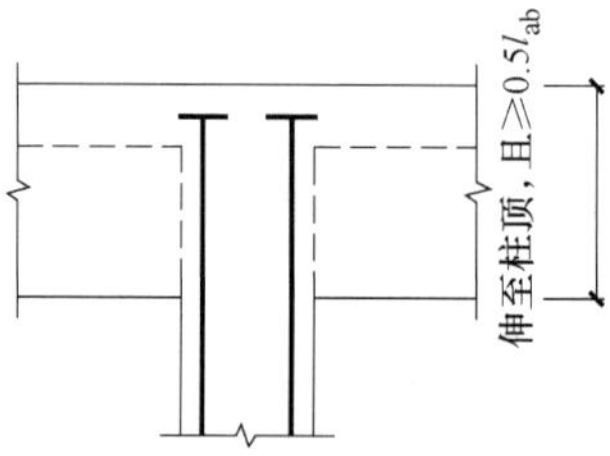 伸至柱顶，且 $\geq 0.5 l_{ab}$ 柱纵向钢筋端头加锚头(锚板)	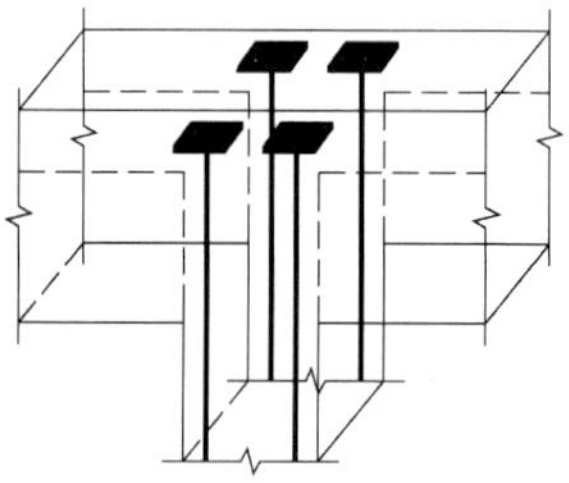
Ⓓ	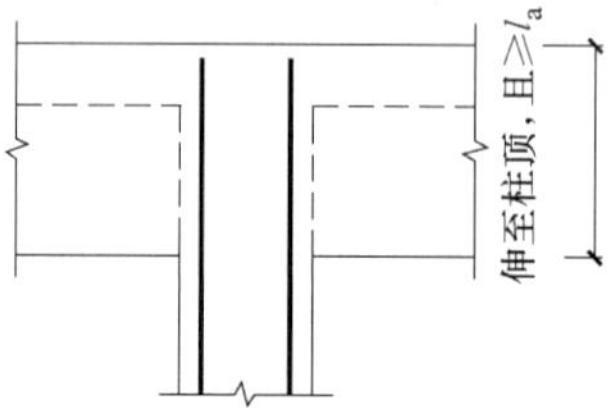 伸至柱顶，且 $\geq l_a$ (当直锚长度 $\geq l_a$ 时)	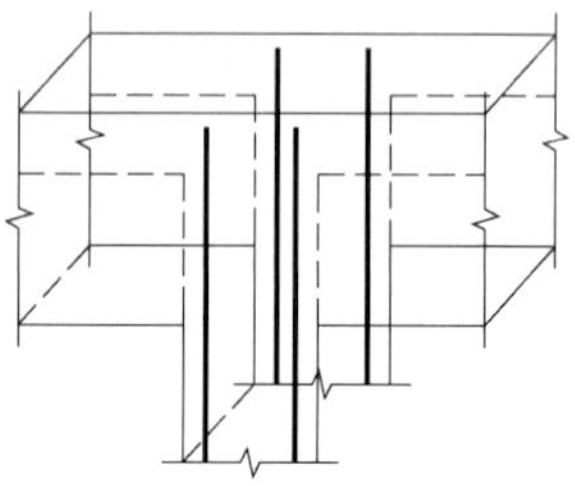

2.2.14 非抗震 KZ 柱变截面位置纵向钢筋构造

非抗震 KZ 柱变截面位置纵向钢筋构造，如表 2-18 所示。

非抗震 KZ 柱变截面位置纵向钢筋构造　　　　　　　表 2-18

名称	图例及有关规定	立体图示意
$\Delta/h_b>1/6$	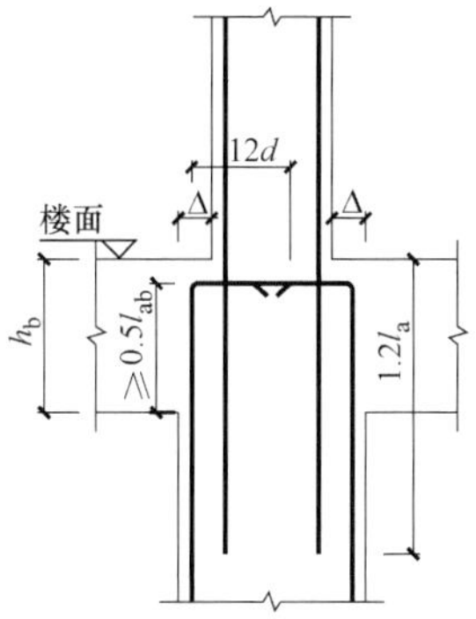	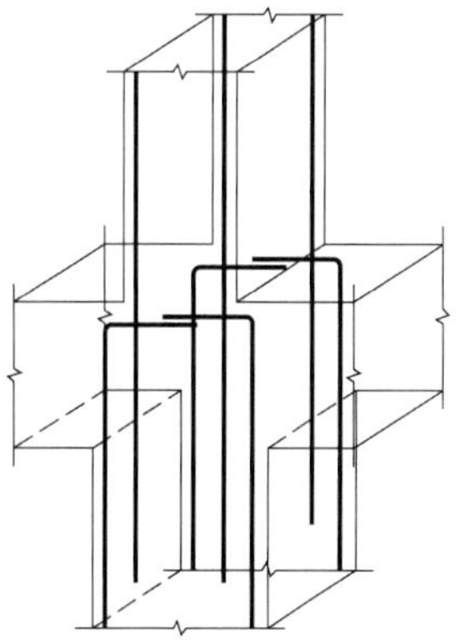
$\Delta/h_b\leqslant1/6$	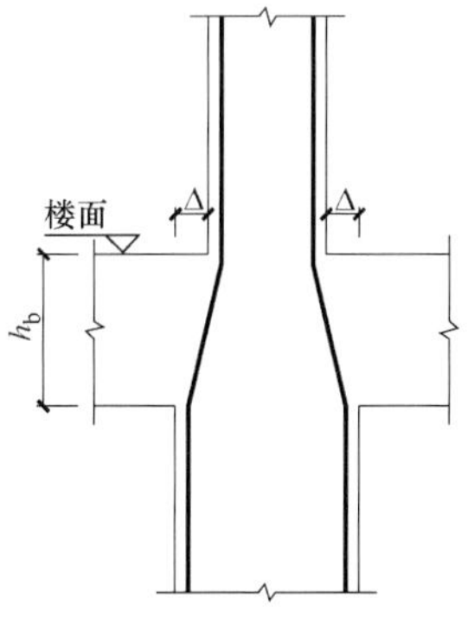	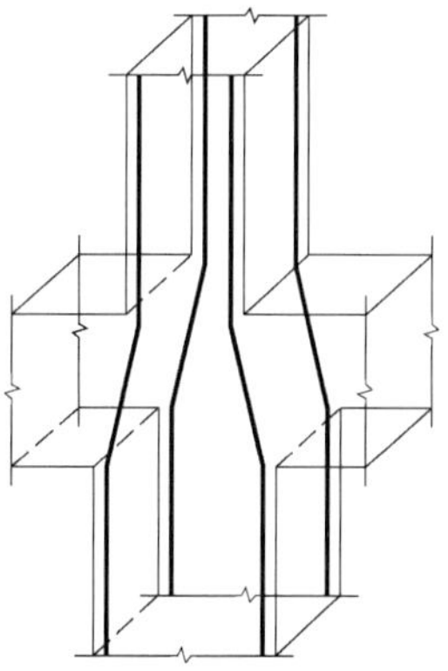
$\Delta/h_b>1/6$	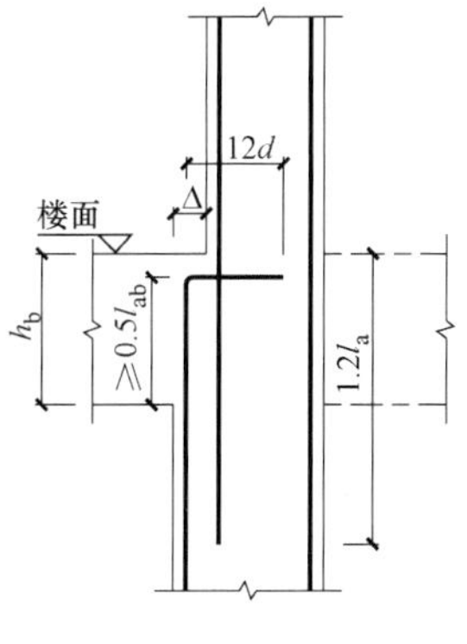	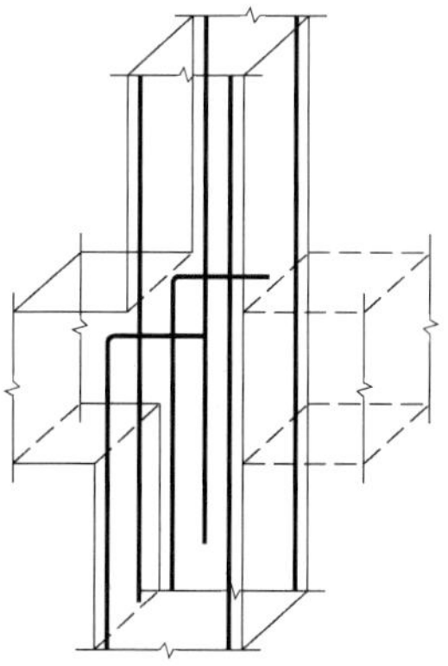

2.2.15 非抗震 KZ 箍筋构造

非抗震 KZ 箍筋构造，如表 2-19 所示。

非抗震 KZ 箍筋构造   表 2-19

名称	图例及有关规定	立体图示意
非抗震 KZ 箍筋构造	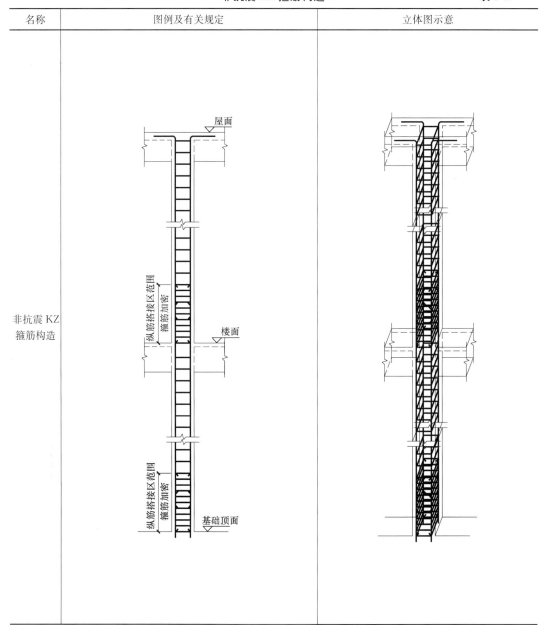	

注：在柱平法施工图中所注写的非抗震柱的箍筋间距，系指非搭接区的箍筋间距，在柱纵筋搭接区（含顶层边角柱梁柱纵筋搭接区）的箍筋直径及间距要求见本书 1.2.7 节。

2.2.16 非抗震 QZ、LZ 纵向钢筋构造

非抗震 QZ、LZ 纵向钢筋构造，如表 2-20 所示。

36

名称	图例及有关规定	立体图示意
非抗震剪力墙上柱 QZ 纵筋构造	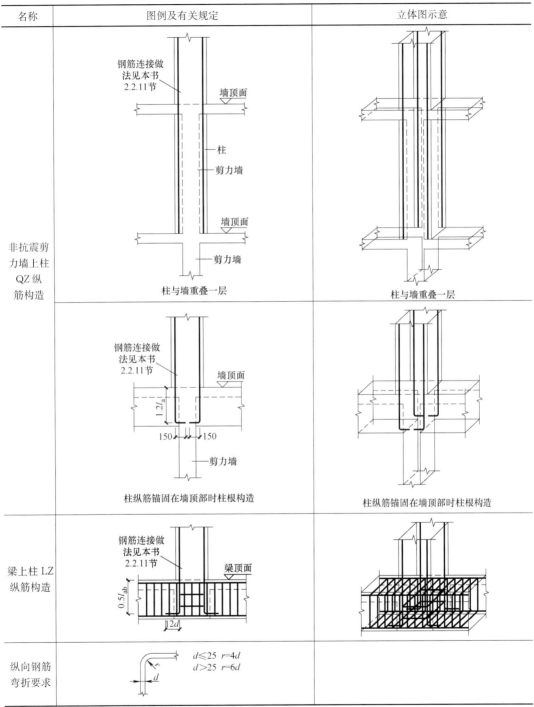	
梁上柱 LZ 纵筋构造		
纵向钢筋弯折要求		

注：1. 墙上起柱，在墙顶面标高以下锚固范围内的柱箍筋按上柱箍筋要求配置。梁上起柱，在梁内设两道柱箍筋。

　　2. 当为复合箍筋时，对于四边均有梁的中间节点，在四根梁端的最高梁底至楼板顶范围内可只设置沿周边的矩形封闭箍筋。

　　3. 墙上起柱（柱纵筋锚固在墙顶部时）和梁上起柱时，墙体和梁的平面外方向应设梁，以平衡柱脚在该方向的弯矩；当柱宽度大于梁宽时，梁应设水平加腋。

2.2.17 芯柱 XZ 配筋构造

芯柱 XZ 配筋构造，如表 2-21 所示。

芯柱 XZ 配筋构造　　　　　　　　　　　　　　　　表 2-21

名称	图例及有关规定	立体图示意
芯柱XZ配筋构造（方柱）	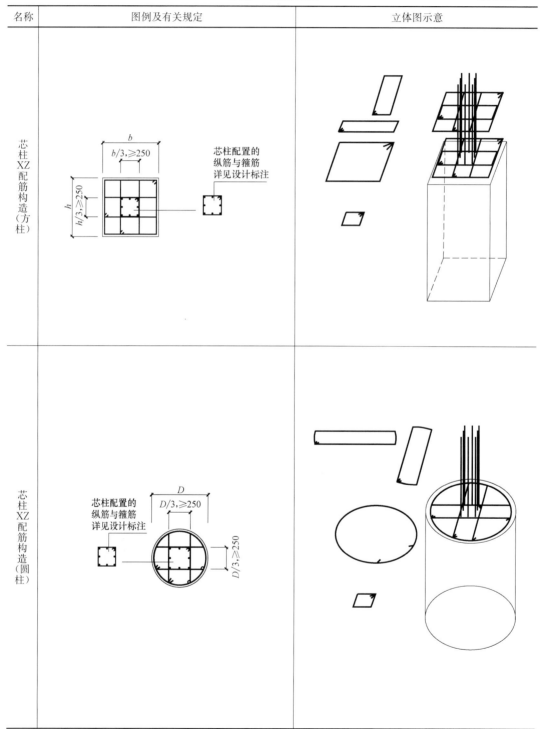	
芯柱XZ配筋构造（圆柱）		

2.2.18 矩形箍筋复合方式

矩形箍筋复合方式，如表 2-22 所示。

矩形箍筋复合方式 表 2-22

名称	图例及有关规定	立体图示意
3×3	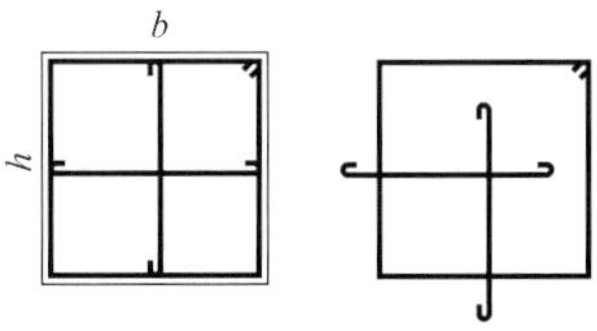	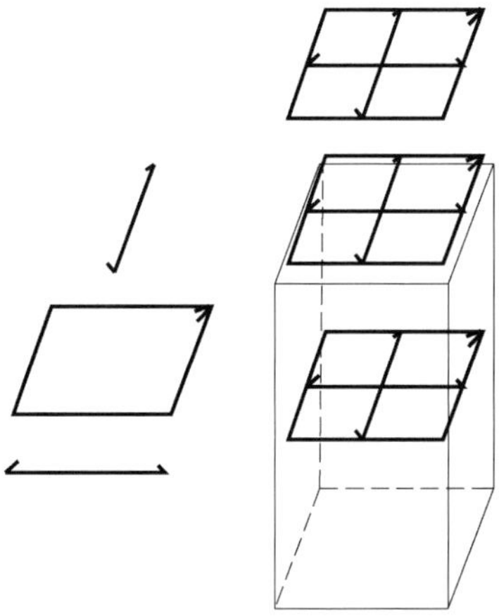
4×3	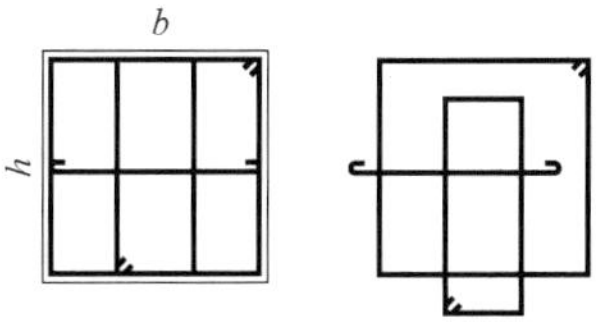	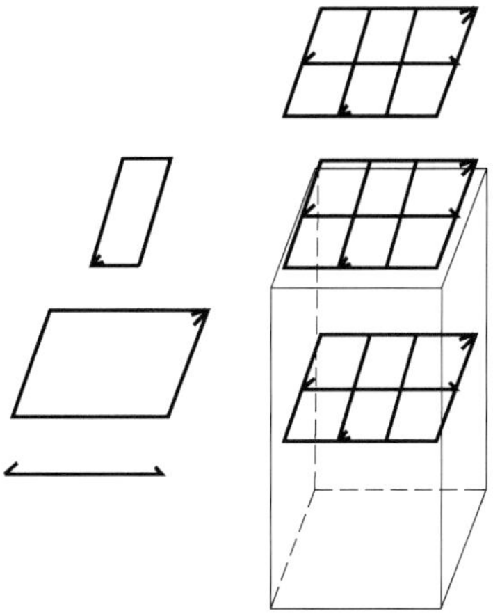

名称	图例及有关规定	立体图示意
4×4	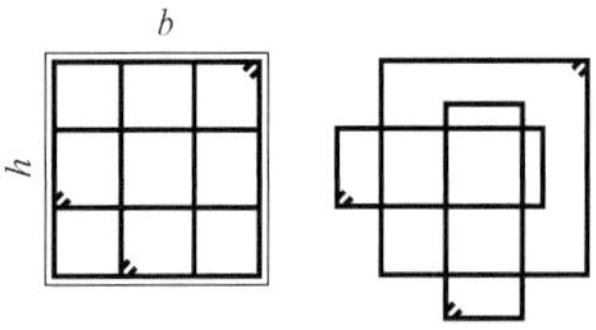b h	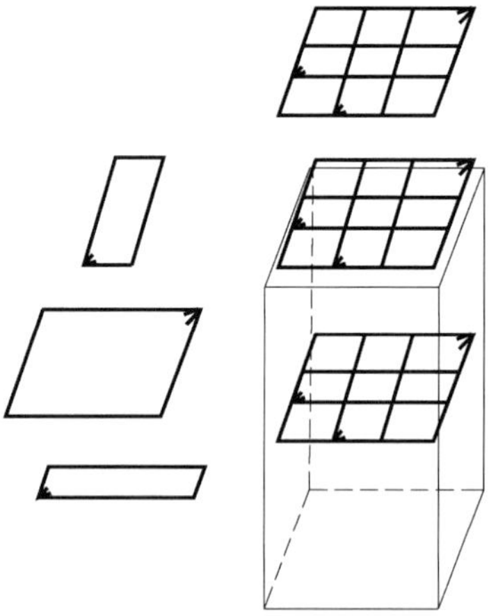
5×4	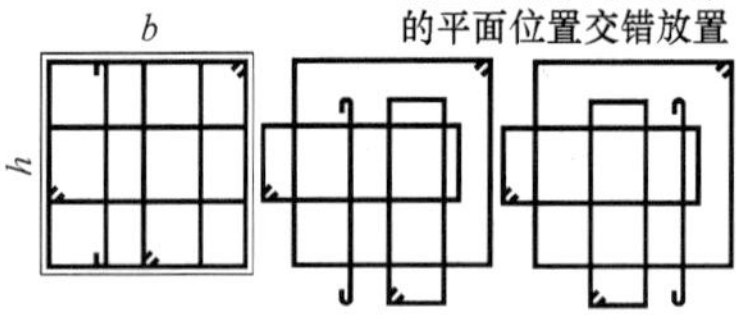沿竖向相邻两道箍筋 的平面位置交错放置 b h	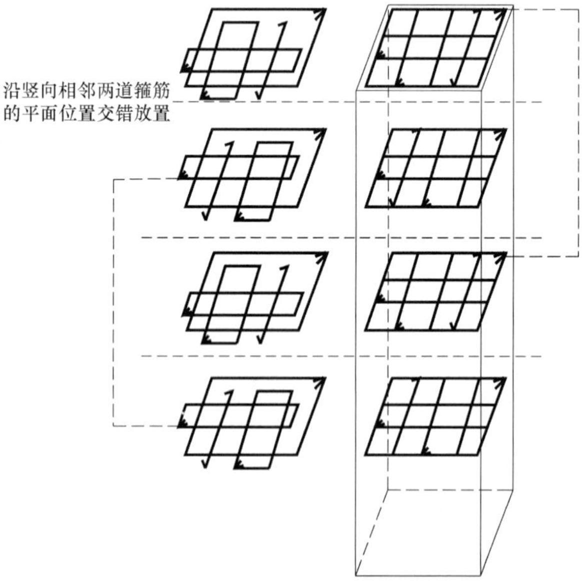沿竖向相邻两道箍筋 的平面位置交错放置

名称	图例及有关规定	立体图示意
5×5		
6×6		

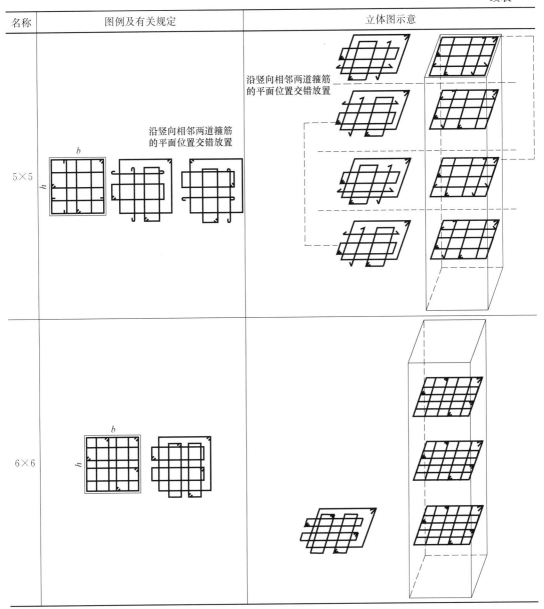

2.3 柱平法施工图实例导读

2.3.1 柱平法施工图列表注写方式实例导读

某工程柱平法施工图列表注写方式，如图 2-1 所示。

2.3.2 柱平法施工图截面注写方式实例导读

某工程柱平法施工图截面注写方式，如图 2-2 所示。

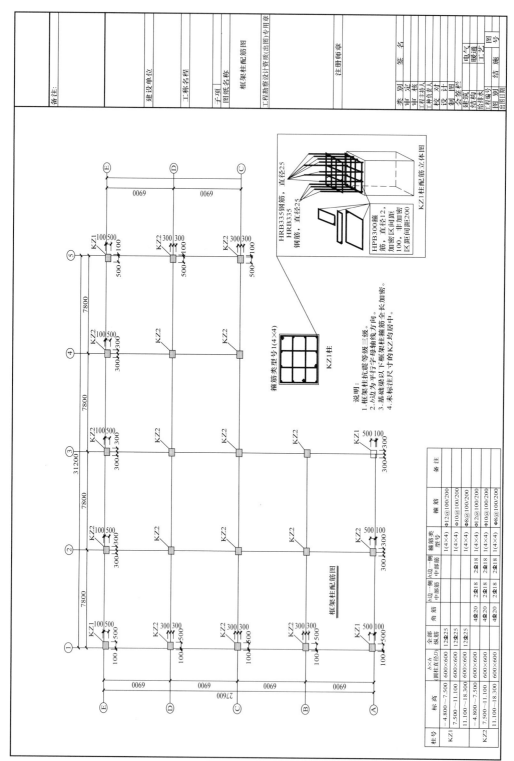

图 2-1 某工程柱平法施工图列表注写方式

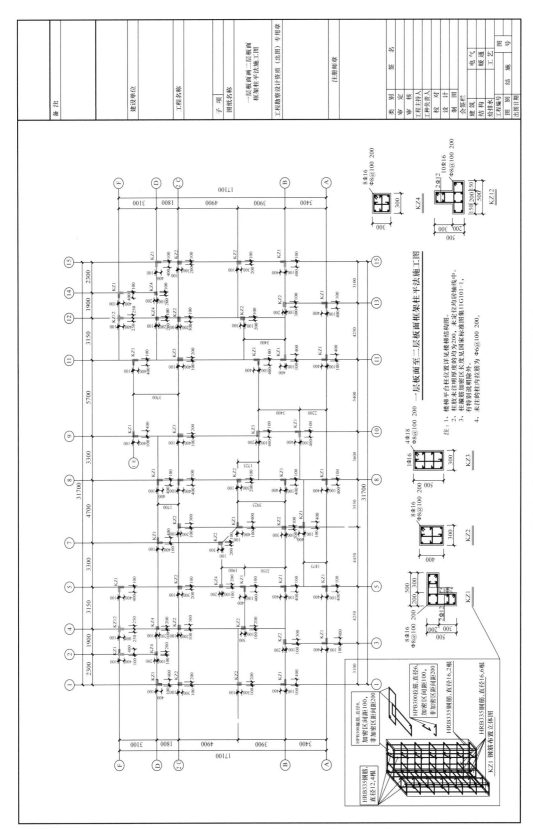

图 2-2 某工程柱平法施工图截面注写方式

第3章 剪力墙平法施工图

3.1 剪力墙平法施工图制图规则

3.1.1 剪力墙平法施工图列表注写方式

剪力墙平法施工图列表注写方式示例，如表 3-1 所示。

剪力墙平法施工图列表注写方式示例 表 3-1

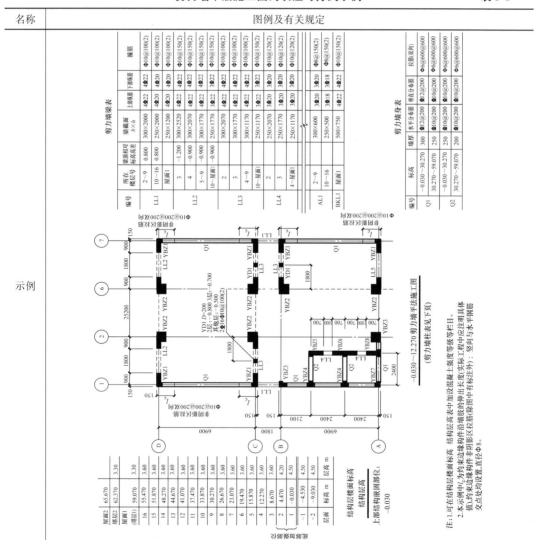

名称	图例及有关规定

示例

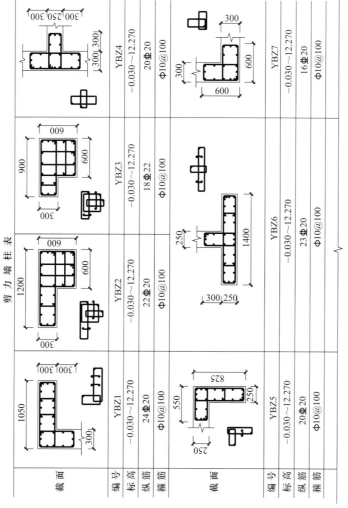

剪 力 墙 柱 表

截面	编号	标高	纵筋	箍筋
	YBZ1	−0.030~12.270	24Φ20	Φ10@100
	YBZ2	−0.030~12.270	22Φ20	Φ10@100
	YBZ3	−0.030~12.270	18Φ22	Φ10@100
	YBZ4	−0.030~12.270	20Φ20	Φ10@100
	YBZ5	−0.030~12.270	20Φ20	Φ10@100
	YBZ6	−0.030~12.270	23Φ20	Φ10@100
	YBZ7	−0.030~12.270	16Φ20	Φ10@100

−0.030~12.270 剪力墙平法施工图（部分剪力墙柱表）

层号	标高	层高/m
屋面2	65.670	
塔层2	62.370	3.30
屋面1（塔层1）	59.070	3.30
16	55.470	3.60
15	51.870	3.60
14	48.270	3.60
13	44.670	3.60
12	41.070	3.60
11	37.470	3.60
10	33.870	3.60
9	30.270	3.60
8	26.670	3.60
7	23.070	3.60
6	19.470	3.60
5	15.870	3.60
4	12.270	3.60
3	8.670	3.60
2	4.470	4.20
1	−0.030	4.50
−1	−4.530	4.50
−2	−9.030	4.50
层号	标高/m	层高/m

结构层楼面标高
结构层高
上部结构嵌固部位：−0.030

底部加强部位

剪力墙平法施工图列表注写方式规则，如表 3-2 所示。

剪力墙平法施工图列表注写方式规则 表 3-2

名称	图例及有关规定	解　释
定义	为表达清楚、简便,剪力墙可视为由剪力墙柱、剪力墙身和剪力墙梁三类构件构成。 　列表注写方式,系分别在剪力墙柱表、剪力墙身表和剪力墙梁表中,对应于剪力墙平面布置图上的编号,用绘制截面配筋图并注写几何尺寸与配筋具体数值的方式,来表达剪力墙平法施工图(表 3-1)	
编号规定	将剪力墙按剪力墙柱、剪力墙身、剪力墙梁(简称为墙柱、墙身、墙梁)三类构件分别编号。 　1. 墙柱编号 　由墙柱类型代号和序号组成,表达形式应符合下表的规定: 墙柱编号 表格见下 注:1. 约束边缘构件包括约束边缘暗柱、约束边缘端柱、约束边缘翼墙、约束边缘转角墙四种(见下图) (a) 约束边缘暗柱　(b) 约束边缘端柱 (c) 约束边缘翼墙　(d) 约束边缘转角墙 约束边缘构件	 约束边缘端柱立体图 约束边缘转角墙立体图

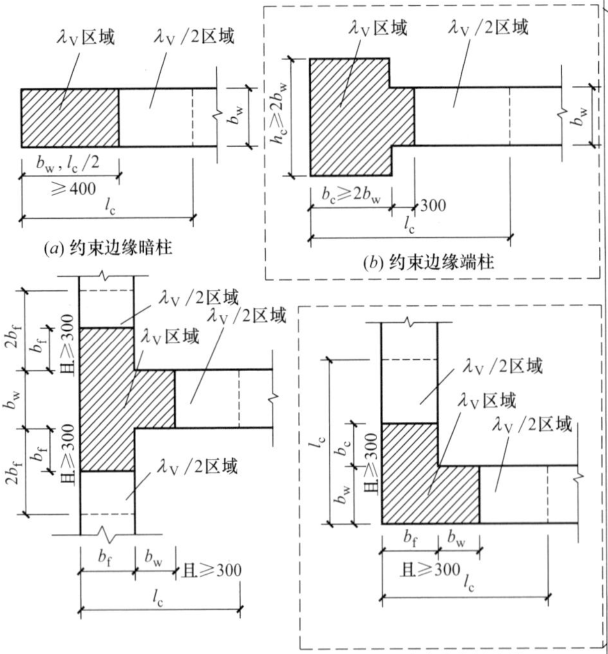

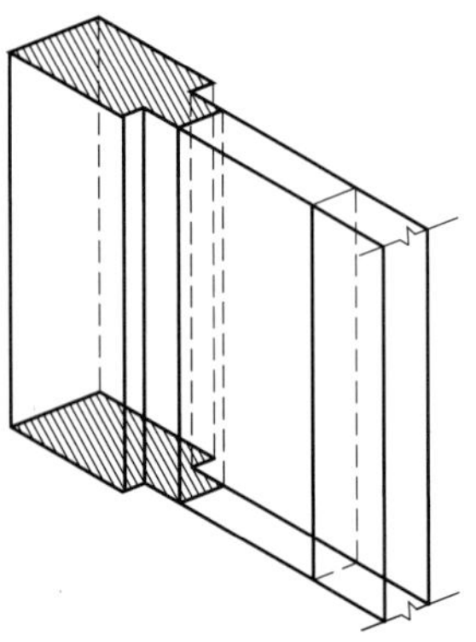

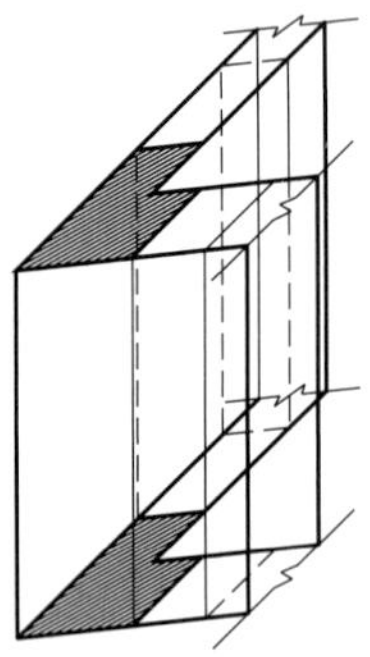

墙柱编号

墙 柱 类 型	代号	序号
约束边缘构件	YBZ	××
构造边缘构件	GBZ	××
非边缘暗柱	AZ	××
扶壁柱	FBZ	××

名称	图例及有关规定	解　释
<div style="writing-mode: vertical-rl">编号规定</div>	2. 构造边缘构件包括构造边缘暗柱、构造边缘端柱、构造边缘翼墙、构造边缘转角墙四种(见下图) 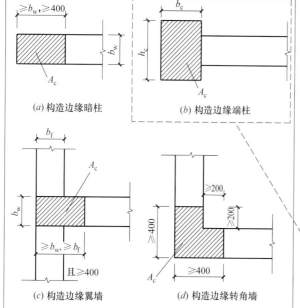 构造边缘构件	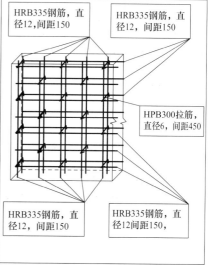 构造边缘端柱立体图
	3. 墙身编号 　　由墙身代号、序号以及墙身所配置的水平与竖向分布钢筋的排数组成,其中,排数注写在括号内。表达形式为: $$Q \times \times (\times 排)$$ 　注:1. 在编号中:如若干墙柱的截面尺寸与配筋均相同,仅截面与轴线的关系不同时,可将其编为同一墙柱号;又如若干墙身的厚度尺寸和配筋均相同,仅墙厚与轴线的关系不同或墙身长度不同时,也可将其编为同一墙身号,但应在图中注明与轴线的几何关系。 　　2. 当墙身所设置的水平与竖向分布钢筋的排数为 2 时可不注。 　　3. 对于分布钢筋网的排数规定:非抗震:当剪力墙厚度大于 160mm 时,应配置双排;当其厚度不大于 160mm时,宜配置双排。抗震:当剪力墙厚度不大于 400mm时,应配置三排;当剪力墙厚度大于 400mm,但不大于700mm 时,宜配置三排;当剪力墙厚度大于 700mm时,宜配置四排。 　　各排水平分布钢筋和竖向分布钢筋的直径与间距宜保持一致。 　　当剪力墙配置的分布钢筋多于两排时,剪力墙拉筋两端应同时勾住外排水平纵筋和竖向纵筋,还应与剪力墙内排水平纵筋和竖向纵筋绑扎在一起	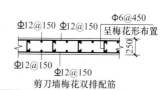 剪刀墙梅花双排配筋 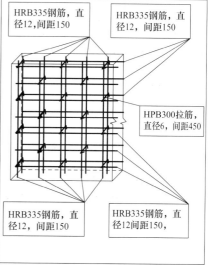 剪刀墙梅花双排配筋立体图

名称	图例及有关规定	解释
编号规定	4. 墙梁编号 由墙梁类型代号和序号组成,表达形式应符合下表的规定: 墙梁编号 墙柱类型 / 代号 / 序号 连梁 / LL / ×× 连梁(对角暗撑配筋) / LL(JC) / ×× 连梁(交叉斜筋配筋) / LL(JX) / ×× 连梁(集中对角斜筋配筋) / LL(DX) / ×× 暗梁 / AL / ×× 边框梁 / BKL / ×× 注:在具体工程中,当某些墙身需设置暗梁或边框梁时, 宜在剪力墙平法施工图中绘制暗梁或边框梁的平面 布置图并编号,以明确其具体位置	
剪力墙柱表中表达内容的规定	(1)注写墙柱编号,绘制该墙柱的截面配筋图,标注墙柱几何尺寸。 1)约束边缘构件需注明阴影部分尺寸。 注:剪力墙平面布置图中应注明约束边缘构件沿墙肢长度 l_c(约束边缘翼墙中沿墙肢长度尺寸为 $2b_f$ 时可不注)。 2)构造边缘构件需注明阴影部分尺寸。 3)扶壁柱及非边缘暗柱需标注几何尺寸。 (2)注写各段墙柱的起止标高,自墙柱根部往上以变截面位置或截面未变但配筋改变处为界分段注写。墙柱根部标高一般指基础顶面标高(部分框支剪力墙结构则为框支梁顶面标高)。 (3)注写各段墙柱的纵向钢筋和箍筋,注写值应与在表中绘制的截面配筋图对应一致。纵向钢筋注总配筋值;墙柱箍筋的注写方式与柱箍筋相同。 约束边缘构件除注写阴影部位的箍筋外,尚需在剪力墙平面布置图中注写非阴影区内布置的拉筋(或箍筋)。 设计施工时应注意:(1)当约束边缘构件体积配箍率计算中计入墙身水平分布钢筋时,设计者应注明。此时还应注明墙身水平分布钢筋在阴影区域内设置的拉筋。施工时,墙身水平分布钢筋应注意采用相应的构造做法。 (2)当非阴影区外圈设置箍筋时,设计者应注明箍筋的具体数值及其余拉筋。施工时,箍筋应包住阴影区内第二列竖向纵筋。当设计采用与标准构造详图不同的做法时,应另行注明	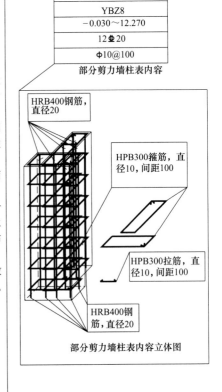 部分剪力墙柱表内容 部分剪力墙柱表内容立体图

名称	图例及有关规定	解　释
剪力墙身表中表达内容的规定	(1)注写墙身编号(含水平与竖向分布钢筋的排数),见本规则编号规定第2款。 (2)注写各段墙身起止标高,自墙身根部往上以变截面位置或截面未变但配筋改变处为界分段注写。墙身根部标高一般指基础顶面标高(部分框支剪力墙结构则为框支梁的顶面标高)。 (3)注写水平分布钢筋、竖向分布钢筋和拉筋的具体数值。注写数值为一排水平分布钢筋和竖向分布钢筋的规格与间距,具体设置几排已经在墙身编号后面表达。 拉筋应注明布置方式"双向"或"梅花双向",见下图(图中 a 为竖向分布钢筋间距,b 为水平分布钢筋间距) 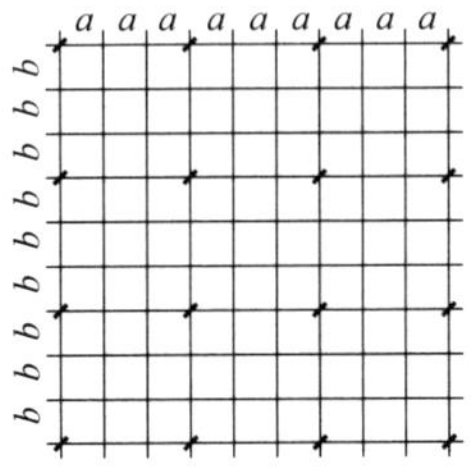 *(a)* 拉筋@3*a*3*b*双向 ($a \leqslant 200$、$b \leqslant 200$) 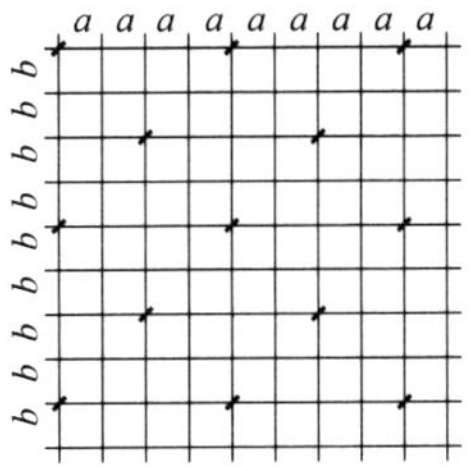 *(b)* 拉筋@4*a*4*b*梅花双向 ($a \leqslant 150$、$b \leqslant 150$) 双向拉筋与梅花双向拉筋示意	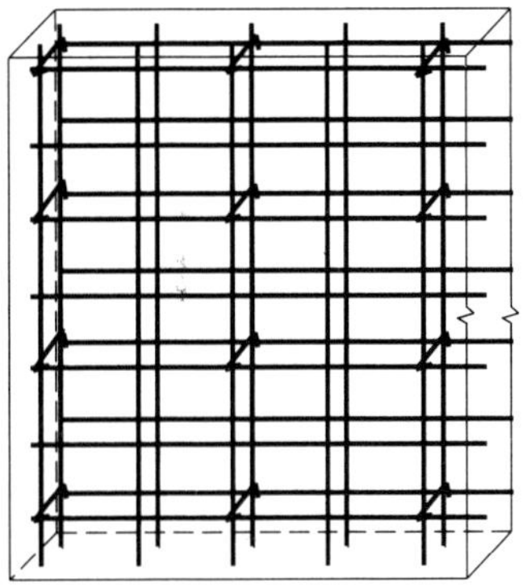 双向拉筋立体示意图 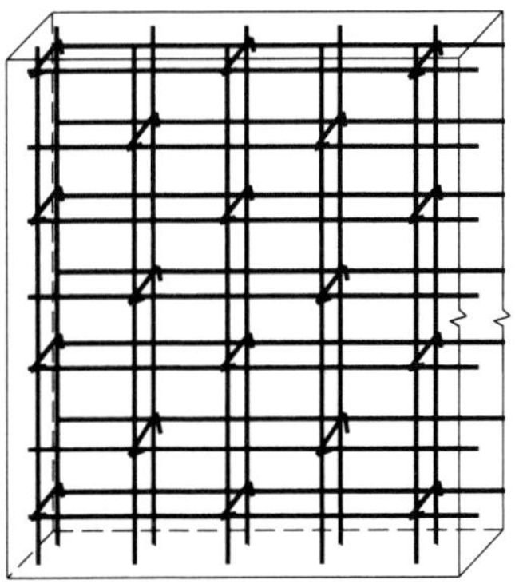 梅花双向拉筋立体示意图

49

名称	图例及有关规定	解释
剪力墙梁表中表达内容的规定	（1）注写墙梁编号，见本规则编号规定第 3 款。 （2）注写墙梁所在楼层号。 （3）注写墙梁顶面标高高差，系指相对于墙梁所在结构层楼面标高的高差值。高于者为正值，低于者为负值，当无高差时不注。 （4）注写墙梁截面尺寸 $b×h$，上部纵筋，下部纵筋和箍筋的具体数值。 （5）当连梁设有对角暗撑时［代号为 LL(JC)××］，注写暗撑的截面尺寸（箍筋外皮尺寸）；注写一根暗撑的全部纵筋，并标注 X2 表明有两根暗撑相互交叉；注写暗撑箍筋的具体数值。 （6）当连梁设有交叉斜筋时［代号为 LL(JX)××］，注写连梁一侧对角斜筋的配筋值，并标注 X2 表明对称设置；注写对角斜筋在连梁端部设置的拉筋根数、规格及直径，并标注 X4 表示四个角都设置；注写连梁一侧折线筋配筋值，并标注 X2 表明对称设置。 （7）当连梁设有集中对角斜筋时［代号为 LL(DX)××］，注写一条对角线上的对角斜筋，并标注 X2，表明对称设置。 墙梁侧面纵筋的配置，当墙身水平分布钢筋满足连梁、暗撑及边框梁的梁侧面纵向构造钢筋的要求时，该筋配置同墙身水平分布钢筋，表中不注，施工按标准构造详图的要求即可；当不满足时，应在表中补充注明梁侧面纵筋的具体数值（其在支座内的锚固要求同连梁中受力钢筋）	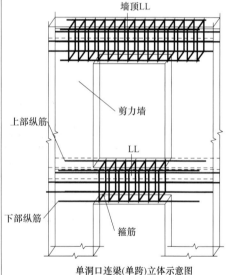 连梁：与剪力墙相连的梁 墙顶 LL 剪力墙 上部纵筋 LL 下部纵筋 箍筋 单洞口连梁（单跨）立体示意图

剪力墙梁表

编号	所在楼层号	梁顶相对标高高差	梁截面 $b×h$	上部纵筋	下部纵筋	箍筋
LL1	2~9	0.800	300×2000	4Φ22	4Φ22	Φ10@100(2)
	10~16	0.800	250×2000	4Φ20	4Φ20	Φ10@100(2)
	屋面 1		250×1200	4Φ20	4Φ20	Φ10@100(2)
LL2	3	−1.200	300×2520	4Φ22	4Φ22	Φ10@150(2)
	4	−0.900	300×2070	4Φ22	4Φ22	Φ10@150(2)
	5~9	−0.900	300×1770	4Φ22	4Φ22	Φ10@150(2)
	10~屋面 1	−0.900	250×1770	3Φ22	3Φ22	Φ10@150(2)
LL3	2		300×2070	4Φ22	4Φ22	Φ10@100(2)
	3		300~1770	4Φ22	4Φ22	Φ10@100(2)
	4~9		300×1170	4Φ22	4Φ22	Φ10@100(2)
	10~屋面 1		250×1170	3Φ22	3Φ22	Φ10@100(2)
LL4	2		250×2070	3Φ20	3Φ20	Φ10@120(2)
	3		250×1770	3Φ20	3Φ20	Φ10@120(2)
	4~屋面 1		250×1170	3Φ20	3Φ20	Φ10@120(2)

3.1.2 剪力墙平法施工图截面注写方式

剪力墙平法施工图截面注写方式示例，如表3-3所示。

剪力墙平法施工图截面注写方式示例 表3-3

名称	图例及有关规定
示例	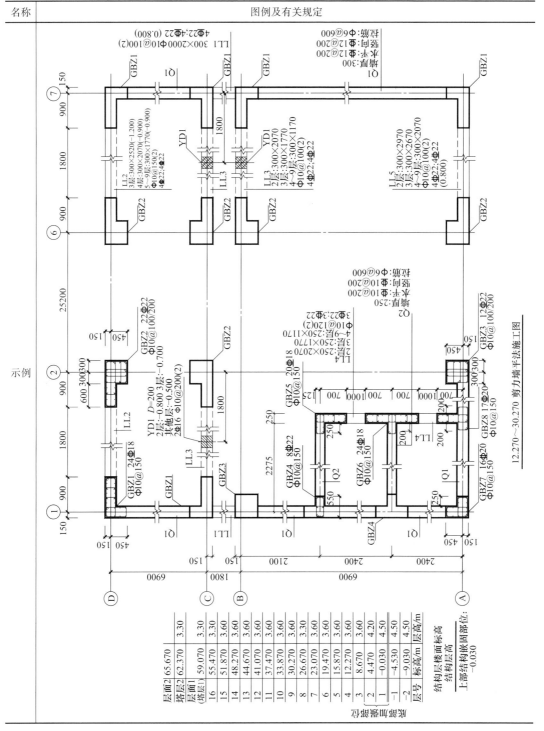

剪力墙平法施工图截面注写方式规则，如表 3-4 所示。

剪力墙平法施工图截面注写方式规则 表 3-4

名称	图例及有关规定	解　释
定义	截面注写方式，系在分标准层绘制的剪力墙平面布置图上，以直接在墙柱、墙身、墙梁上注写截面尺寸和配筋具体数值的方式来表达剪力墙平法施工图(表 3-3)	
剪力墙平法施工图截面注写方式规定	选用适当比例原位放大绘制剪力墙平面布置图，其中对墙柱绘制配筋截面图；对所有墙柱、墙身、墙梁分别按列表注写方式规则的规定进行编号，并分别在相同编号的墙柱、墙身、墙梁中选择一根墙柱、一道墙身、一根墙梁进行注写，其注写方式按以下规定进行。 (1)从相同编号的墙柱中选择一个截面，注明几何尺寸，标注全部纵筋及箍筋的具体数值(其箍筋的表达方式同列表注写方式) 注：约束边缘构件(见下图)除需注明阴影部分具体尺寸外，尚需注明约束边缘构件沿墙肢长度 l_c，约束边缘翼墙中沿墙肢长度尺寸为 $2b_f$ 时可不注。除注写阴影部位的箍筋外，尚需注写非阴影区内布置的拉筋(或箍筋)。当仅 l_c 不同时，可编为同一构件，但应单独注明 l_c 的具体尺寸并标注非阴影区内布置的拉筋(或箍筋) 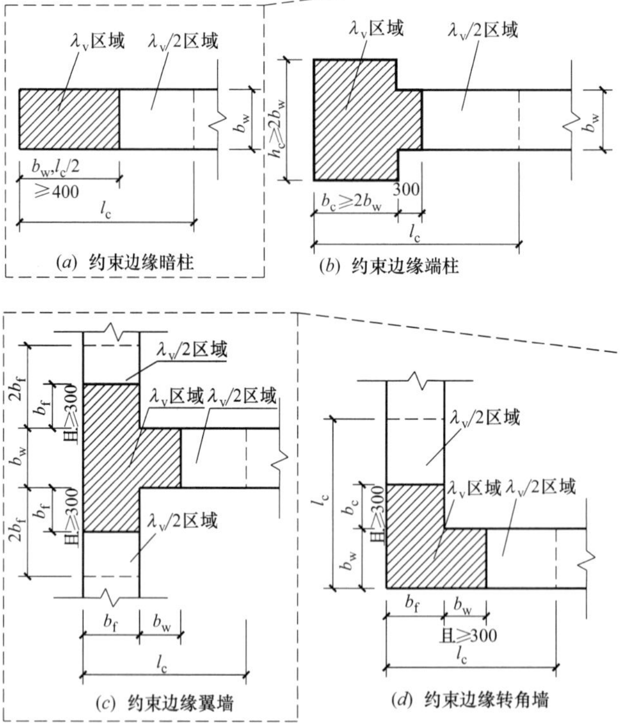 (a) 约束边缘暗柱　(b) 约束边缘端柱 (c) 约束边缘翼墙　(d) 约束边缘转角墙 约束边缘构件	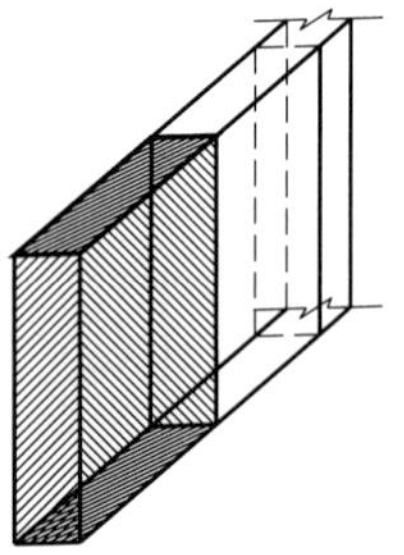 (a) 约束边缘暗柱立体图 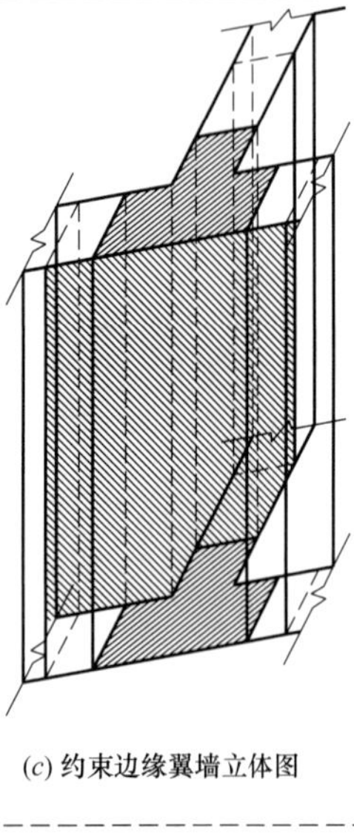 (c) 约束边缘翼墙立体图

名称	图例及有关规定	解 释
剪力墙平法施工图截面注写方式规定	设计施工时应注意:当约束边缘构件体积配箍率计算中计入墙身水平分布钢筋时,设计者应注明。还应注明墙身水平分布钢筋在阴影区域内设置的拉筋。施工时,墙身水平分布钢筋应注意采用相应的构造做法。 (2)从相同编号的墙身中选择一道墙身,按顺序引注的内容为:墙身编号(应包括注写在括号内墙身所配置的水平与竖向分布钢筋的排数)、墙厚尺寸,水平分布钢筋、竖向分布钢筋和拉筋的具体数值。 (3)从相同编号的墙梁中选择一根墙梁,按顺序引注的内容为: 1)注写墙梁编号、墙梁截面尺寸 $b \times h$、墙梁箍筋、上部纵筋、下部纵筋和墙梁顶面标高高差的具体数值。其中,墙梁顶面标高高差的注写规定同剪力墙列表注写方式。 2)当连梁设有对角暗撑时[代号为 LL(JC)××],注写规定同剪力墙列表注写方式。 3)当连梁设有交叉斜筋时[代号为 LL(JX)××],注写规定同剪力墙列表注写方式。 4)当连梁设有集中对角斜筋时[代号为 LL(DX)××],注写规定同剪力墙列表注写方式。 当墙身水平分布钢筋不能满足连梁、暗梁及边框梁的梁侧面纵向构造钢筋的要求时,应补充注明梁侧面纵筋的具体数值;注写时,以大写字母 N 打头,接着注写直径与间距。其在支座内的锚固要求同连梁中受力钢筋。 【例】N Φ10@150,表示墙梁两个侧面纵筋对称配置为:HRB400 级钢筋直径 10mm,间距为 150mm	 墙身与墙梁注写

连梁、暗梁和边框梁侧面纵筋和拉筋构造

连梁侧面纵筋和拉筋构造立体图

53

3.1.3 剪力墙洞口表示方法

剪力墙洞口表示方法，如表 3-5 所示。

剪力墙洞口表示方法　　　　　　　　　　　　　　　　　表 3-5

名称	图例及有关规定	解　释
剪力墙平法施工图截面注写方式规定	无论采用列表注写方式还是截面注写方式,剪力墙上的洞口均可在剪力墙平面布置图上原位表达。 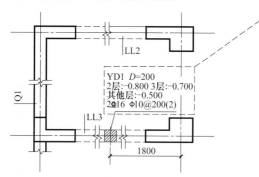 **剪力墙平面布置图上洞口示意图** 洞口的具体表示方法 (1)在剪力墙平面布置图上绘制洞口示意,并标注洞口中心的平面定位尺寸。 (2)在洞口中心位置引注:洞口编号,洞口几何尺寸,洞口中心相对标高,洞口每边补强钢筋,共四项内容。具体规定如下: 　1)洞口编号:矩形洞口为 JD××(××为序号), 　　　　　　　圆形洞口为 YD××(××为序号)。 　2)洞口几何尺寸:矩形洞口为洞宽×洞高($b×h$), 　　　　　　　　　圆形洞口为洞口直径 D。 　3)洞口中心相对标高:系相对于结构层数(地)面标高的洞口中心高度。当其高于结构层楼面时为正值,低于结构层楼面时为负值。 　4)洞口每边补强钢筋,分以下几种不同情况: 　①当矩形洞口的洞宽、洞高均不大于800mm 时,此项注写为洞口每边补强钢筋的具体数值(如果按标准构造详图设置补强钢筋时可不注)。当洞宽、洞高方向补强钢筋不一致时,分别注写洞宽方向、洞高方向补强钢筋,以"/"分隔。 【例】 JD 2 400×300 +3.100 3 Φ 14,表示 2 号矩形洞口,洞宽 400mm,洞高 300mm,洞口中心距本结构层楼面3100mm,洞口每边补强钢筋为 3 Φ 14。 【例】 JD 3 400×300 +3.100,表示 3 号矩形洞口,洞宽400mm,洞高 300mm,洞口中心距本结构层楼面 3100mm,洞口每边补强钢筋按构造配置。 【例】 JD 4 800×300 +3.100 3 Φ 18/3 Φ 14,表示 4 号矩形洞口,洞宽 800mm,洞高 300mm,洞口中心距本结构层楼面 3100mm,洞宽方向补强钢筋为 3 Φ 18,洞高方向补强钢筋为 3 Φ 14	1.连梁中部圆形洞口YD1; 2.圆形洞口直径D=200; 3.洞口中心相对标高,系相对于结构层楼(地)面标高的洞口中心高度,2层低于结构层楼面为-0.800,3层低于结构层楼面为-0.700; 4.洞口每边补强钢筋为2Φ16,箍筋Φ10@200(2)

名称	图例及有关规定	解 释
剪力墙洞口表示方法	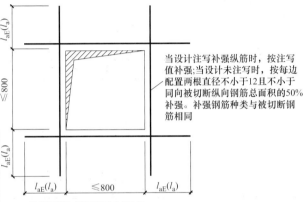当设计注写补强纵筋时，按注写值补强；当设计未注写时，按每边配置两根直径不小于12且不小于同向被切断纵向钢筋总面积的50%补强。补强钢筋种类与被切断钢筋相同 矩形洞宽和洞高均不大于800时洞口补强纵筋构造(括号内标注用于非抗震)	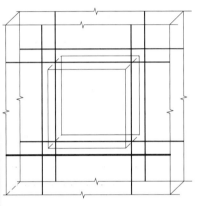矩形洞宽和洞高均不大于800时洞口补强纵筋构造立体图

②当矩形或圆形洞口的洞宽或直径大于800mm时，在洞口的上、下需设置补强暗梁，此项注写为洞口上、下每边暗梁的纵筋与箍筋的具体数值(在标准构造详图中，补强暗梁梁高一律定为400mm，施工时按标准构造详图取值，设计不注。当设计者采用与该构造详图不同的做法时，应另行注明)，圆形洞口时尚需注明环向加强钢筋的具体数值；当洞口上、下边为剪力墙连梁时，此项免注；洞口竖向两侧设置边缘构件时，亦不在此项表达(当洞口两侧不设置边缘构件时，设计者应给出具体做法)。

【例】 JD 5 1800×2100 +1.800 6 Φ 20 Φ 8@150，表示 5 号矩形洞口，洞宽 1800mm，洞高 2100mm，洞口中心距本结构层楼面 1800mm，洞口上下设补强暗梁，每边暗梁纵筋为 6 Φ 20，箍筋为 Φ 8@150。

【例】 YD 5 1000 +1.800 6 Φ 20 Φ 8@150 2 Φ 16，表示 5 号圆形洞口，直径 1000mm，洞口中心距本结构层楼面 1800mm，洞口上下设补强暗梁，每边暗梁纵筋为 6 Φ 20，箍筋为 Φ 8@150，环向加强钢筋 2 Φ 16。

名称	图例及有关规定	解　释

剪力墙洞口表示方法

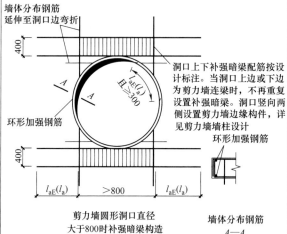

墙体分布钢筋延伸至洞口边弯折

400

400

环形加强钢筋

A—A

环形加强钢筋

墙体分布钢筋

$l_{aE}(l_a)$　　>800　　$l_{aE}(l_a)$

剪力墙圆形洞口直径
大于800时补强暗梁构造
（括号内标注用于非抗震）

洞口上下补强暗梁配筋按设计标注。当洞口上边或下边为剪力墙连梁时，不再重复设置补强暗梁。洞口竖向两侧设置剪力墙边缘构件，详见剪力墙墙柱设计

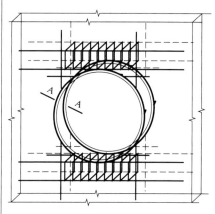

剪力墙圆形洞口直径
大于800时补强暗梁构造立体图

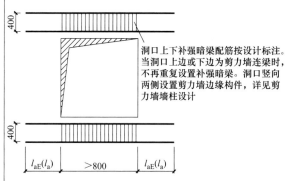

400

400

$l_{aE}(l_a)$　　>800　　$l_{aE}(l_a)$

矩形洞宽和洞高均大于800时洞口补强暗梁构造
（括号内标注用于非抗震）

洞口上下补强暗梁配筋按设计标注。当洞口上边或下边为剪力墙连梁时，不再重复设置补强暗梁。洞口竖向两侧设置剪力墙边缘构件，详见剪力墙墙柱设计

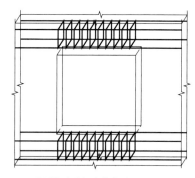

矩形洞宽和洞高均大于800
时洞口补强暗梁构造立体图

③当圆形洞口设置在连梁中部1/3范围（且圆洞直径不应大于1/3梁高）时，需注写在圆洞上下水平设置的每边补强纵筋与箍筋

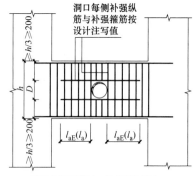

洞口每侧补强纵筋与补强箍筋按设计注写值

$h/3 \geqslant 200$

h

D

$h/3 \geqslant 200$

$l_{aE}(l_a)$　$l_{aE}(l_a)$

连梁中部圆形洞口补强钢筋构造
（圆形洞口预埋钢套管，括号内标注用于非抗震）

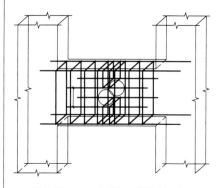

连梁中部圆形洞口补强钢筋构造立体图

名称	图例及有关规定	解　释

④当圆形洞口设置在墙身或暗梁、边框梁位置，且洞口直径不大于300mm时，此项注写为洞口上下左右每边布置的补强纵筋的具体数值。

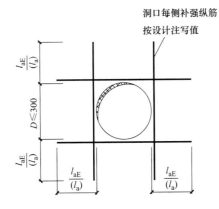

剪力墙圆形洞口直径
不大于300时补强纵筋构造
（括号内标注用于非抗震）

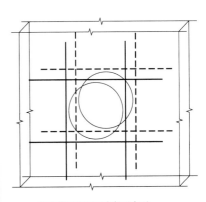

剪力墙圆形洞口直径不大于
300时补强纵筋构造立体图

⑤当圆形洞口直径大于300mm，但不大于800mm时，其加强钢筋在标准构造详图中系按照圆外切正六边形的边长方向布置（见下图），设计仅需注写六边形中一边补强钢筋的具体数值

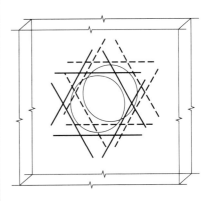

剪力墙圆形洞口直径
大于300且不大于800时补强纵筋构造
（括号内标注用于非抗震）

剪力墙圆形洞口直径不大于300
且不大于800时补强纵筋构造立体图

剪力墙洞口表示方法

3.1.4 地下室外墙表示方法

地下室外墙表示方法，如表 3-6 所示。

地下室外墙表示方法 表 3-6

名称	图例及有关规定	解　释
地下室外墙示例	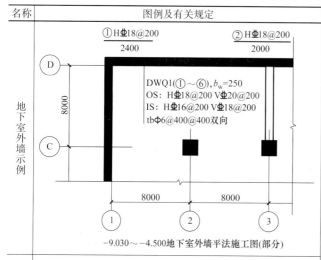 −9.030～−4.500地下室外墙平法施工图(部分)	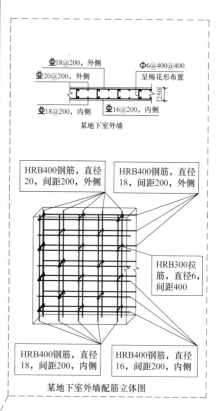 某地下室外墙 某地下室外墙配筋立体图

本节地下室外墙仅适用于起挡土作用的地下室外围护墙。地下室外墙中墙柱、连梁及洞口等的表示方法同地上剪力墙。

1. 地下室外墙编号

地下室外墙编号，由墙身代号、序号组成。表达为：

DWQ××

2. 地下室外墙平法注写方式

地下室外墙平法注写方式，包括集中标注墙体编号、厚度、贯通筋、拉筋等和原位标注附加非贯通筋等两部分内容。当仅设置贯通筋，未设置附加非贯通筋时，则仅做集中标注。

3. 地下室外墙的集中标注

地下室外墙的集中标注，规定如下：

(1)注写地下室外墙编号，包括代号、序号、墙身长度(注为××～××轴)。

(2)注写地下室外墙厚度 b_w=×××。

(3)注写地下室外墙的外侧、内侧贯通筋和拉筋。

1)以 OS 代表外墙外侧贯通筋。其中，外侧水平贯通筋以 H 打头注写，外侧竖向贯通筋以 V 打头注写。

2)以 IS 代表外墙内侧贯通筋。其中，内侧水平贯通筋以 H 打头注写，内侧竖向贯通筋以 V 打头注写。

3)以 tb 打头注写拉筋直径、强度等级及间距，并注明"双向"或"梅花双向"

【例】DWQ1(①~⑥), b_w=250
　　OS: H⫪18@200,V⫪ 20@200
　　IS：H⫪16@200 , V⫪18@200
　　tb⫪6@400@400 梅花双向

表示2号外墙，长度范围为①~⑥之间，墙厚为250mm；外侧水平贯通筋为⫪18@200，竖向贯通筋为⫪20@200；内侧水平贯通筋为⫪16@200，竖向贯通筋为⫪18@200；梅花双向拉筋为Φ6，水平间距为400mm，竖向间距为400mm

58

名称	图例及有关规定	解 释

4. 地下室外墙的原位标注

地下室外墙的原位标注,主要表示在外墙外侧配置的水平非贯通筋或竖向非贯通筋。

当配置水平非贯通筋时,在地下室墙体平面图上原位标注。在地下室外墙外侧绘制粗实线段代表水平非贯通筋,在其上注写钢筋编号并以 H 打头注写钢筋强度等级、直径、分布间距,以及自支座中线向两边跨内的伸出长度值。当自支座中线向两边对称伸出时,可仅在单侧标注跨内伸出长度,另一侧不注,此种情况下非贯通筋总长度为标注长度的 2 倍。边支座处非贯通钢筋的伸出长度值从支座外边缘算起。

地下室外墙外侧非贯通筋通常采用"隔一布一"方式与集中标注的贯通筋间隔布置,其标注间距应与贯通筋相同,两者组合后的实际分布间距为各自标注间距的 1/2

地下室外墙表示方法

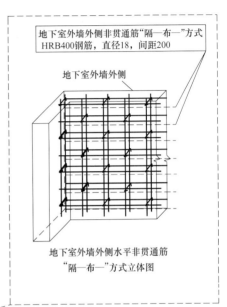

地下室外墙外侧非贯通筋"隔一布一"方式 HRB400钢筋,直径18,间距200

地下室外墙外侧

地下室外墙外侧水平非贯通筋
"隔一布一"方式立体图

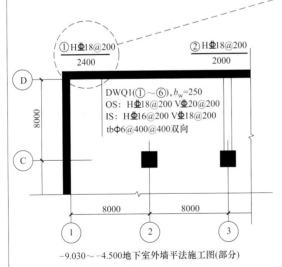

①H Φ18@200 / 2400 ②H Φ18@200 / 2000

DWQ1(①～⑥),b_w=250
OS: H Φ18@200 V Φ20@200
IS: H Φ16@200 V Φ18@200
tbΦ6@400@400双向

-9.030～-4.500地下室外墙平法施工图(部分)

名称	图例及有关规定	解　释
地下室外墙表示方法	当在地下室外墙外侧底部、顶部、中层楼板位置配置竖向非贯通筋时,应补充绘制地下室外墙竖向截面轮廓图并在其上原位标注。表示方法为在地下室外墙竖向截面轮廓图外侧绘制粗实线段代表竖向非贯通筋,在其上注写钢筋编号并以 V 打头注写钢筋强度等级、直径、分布间距,以及向上(下)层的伸出长度值,并在外墙竖向截面图名下注明分布范围(××～××轴)。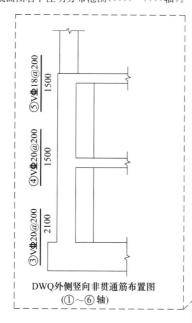 DWQ外侧竖向非贯通筋布置图 (①～⑥轴) 注:向层内的伸出长度值注写方式: 　1. 地下室外墙底部非贯通钢筋向层内的伸出长度值从基础底板顶面算起。 　2. 地下室外墙顶部非贯通钢筋向层内的伸出长度值从板底面算起。 　3. 中层楼板处非贯通钢筋向层内的伸出长度值从板中间算起,当上下两侧伸出长度值相同时可仅注写一侧。 　地下室外墙外侧水平、竖向非贯通筋配置相同者,可仅选择一处注写,其他可仅注写编号。 　当在地下室外墙顶部设置通长加强钢筋时应注明	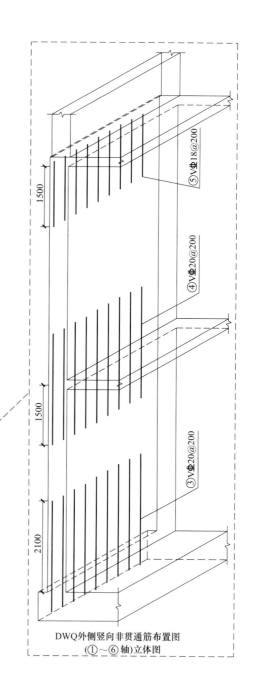 DWQ外侧竖向非贯通筋布置图 (①～⑥轴)立体图

3.2 剪力墙标准构造详图

3.2.1 剪力墙身水平钢筋构造

剪力墙身水平钢筋构造，如表 3-7 所示。

剪力墙身水平钢筋构造 表 3-7

名称	图例及有关规定	立体图示意
端部无暗柱时剪力墙水平钢筋端部做法（一）		
端部无暗柱时剪力墙水平钢筋端部做法（二）		
端部有暗柱时剪力墙水平钢筋端部做法		

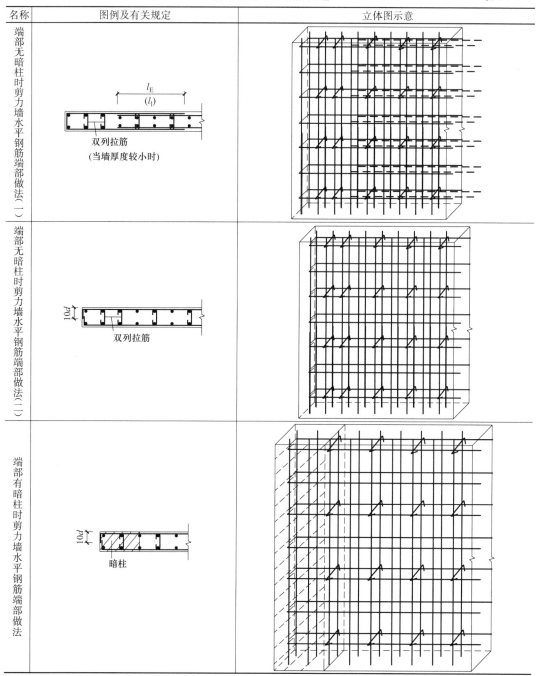

名称	图例及有关规定	立体图示意

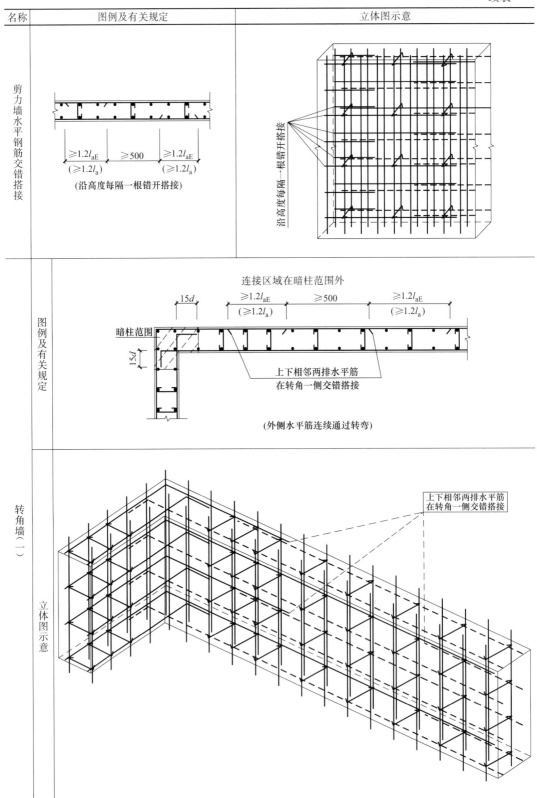

剪力墙水平钢筋交错搭接

$\geq 1.2l_{aE}$ ($\geq 1.2l_a$) ≥ 500 $\geq 1.2l_{aE}$ ($\geq 1.2l_a$)

(沿高度每隔一根错开搭接)

沿高度每隔一根错开搭接

图例及有关规定

连接区域在暗柱范围外

$15d$ $\geq 1.2l_{aE}$ ($\geq 1.2l_a$) ≥ 500 $\geq 1.2l_{aE}$ ($\geq 1.2l_a$)

暗柱范围

$15d$

上下相邻两排水平筋在转角一侧交错搭接

(外侧水平筋连续通过转弯)

转角墙（一）

立体图示意

上下相邻两排水平筋在转角一侧交错搭接

名称	转角墙(二)
图例及有关规定	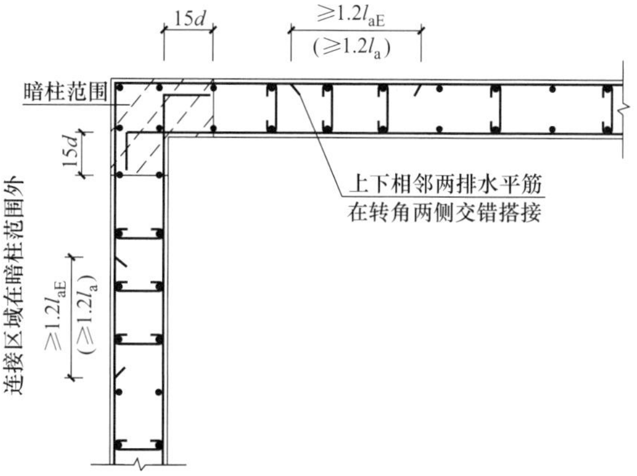
立体图示意	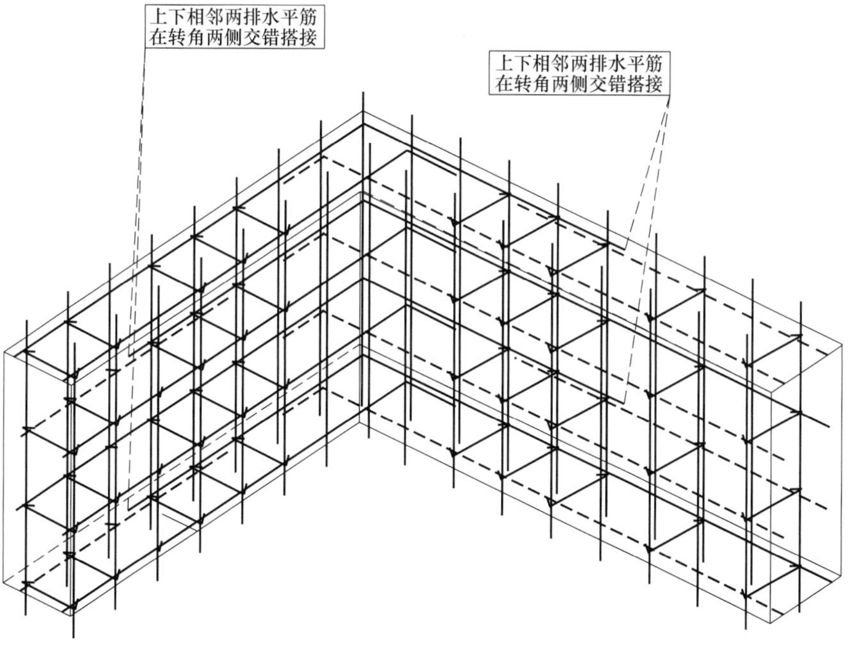

名称	图例及有关规定	立体图示意
翼墙	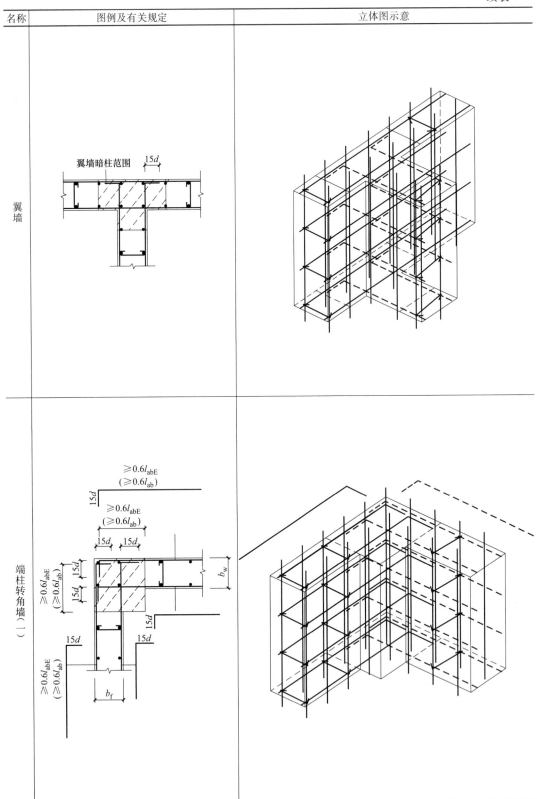	
端柱转角墙（一）		

名称	图例及有关规定	立体图示意
端柱转角墙(二)	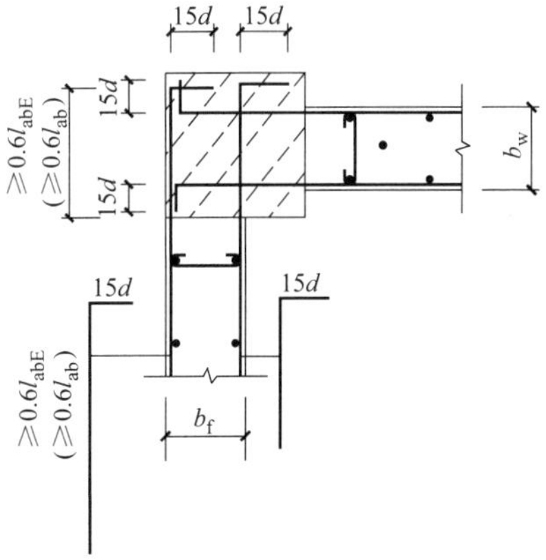	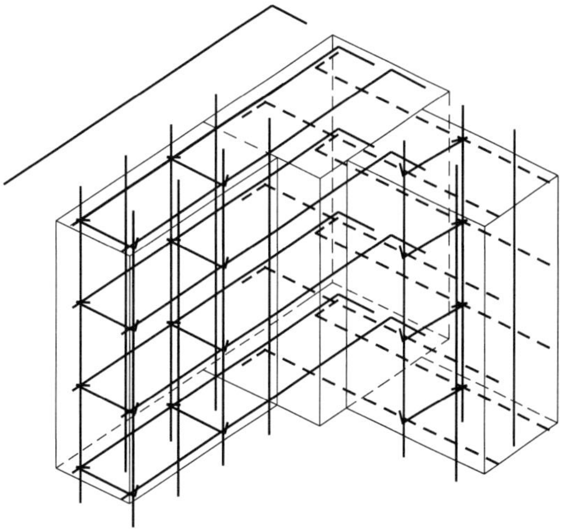
端柱转角墙(三)	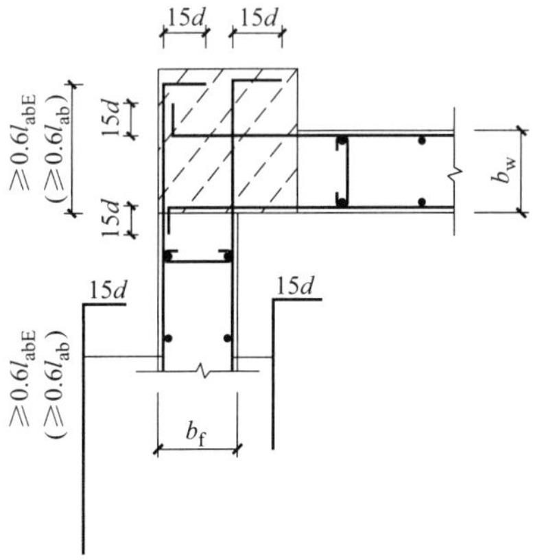	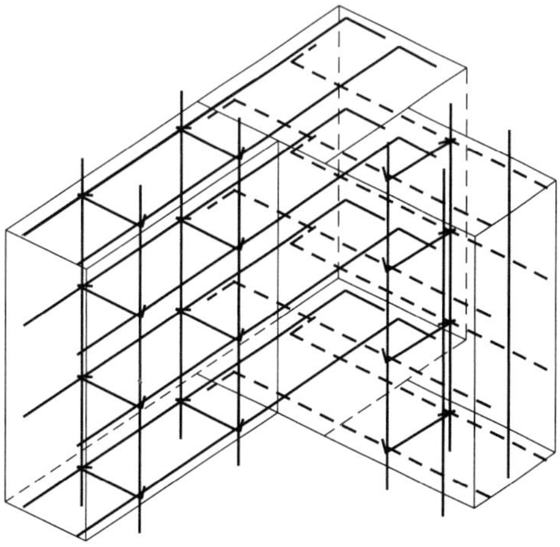

名称	图例及有关规定	立体图示意
端柱翼墙（一）	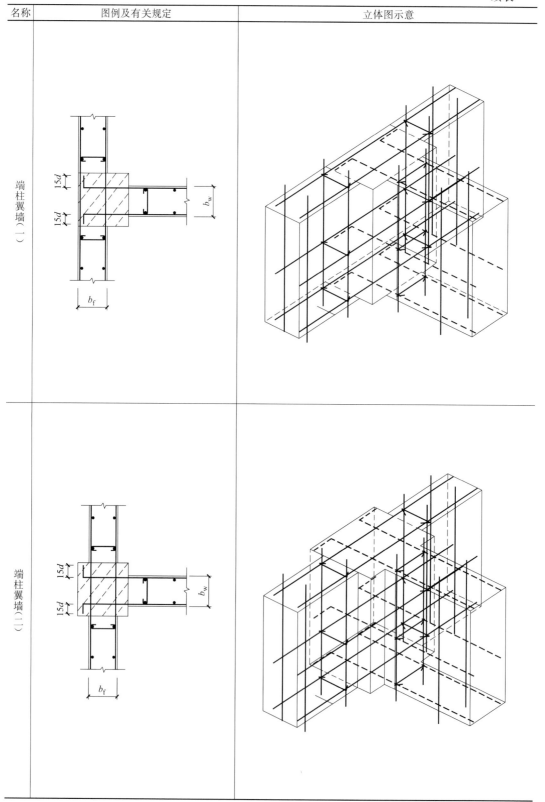	
端柱翼墙（二）		

3.2.2 剪力墙身竖向钢筋构造

剪力墙身竖向钢筋构造，如表3-8所示。

剪力墙身竖向钢筋构造 表3-8

名称	图例及有关规定	立体图示意
剪力墙身竖向分布钢筋连接构造（绑扎搭接）	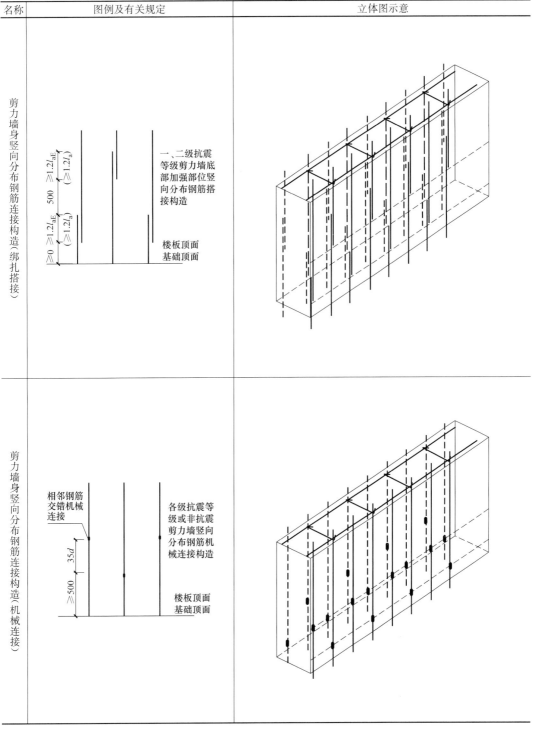	
剪力墙身竖向分布钢筋连接构造（机械连接）		

名称	图例及有关规定	立体图示意
剪力墙竖向钢筋顶部构造（一）	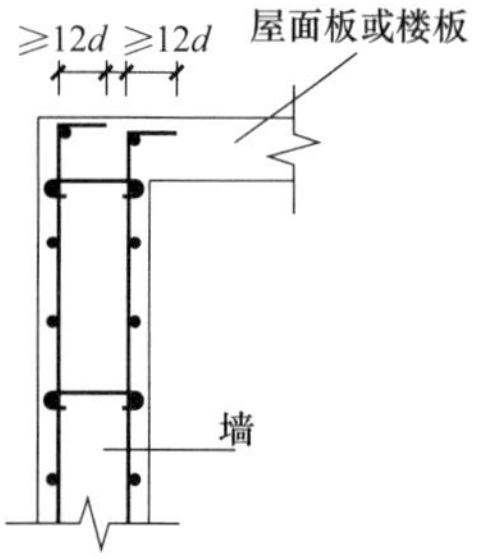 ≥12d ≥12d 屋面板或楼板 墙	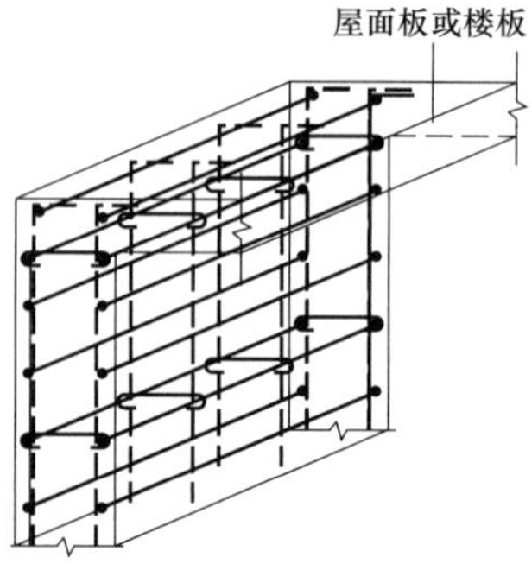 屋面板或楼板
剪力墙竖向钢筋顶部构造（二）	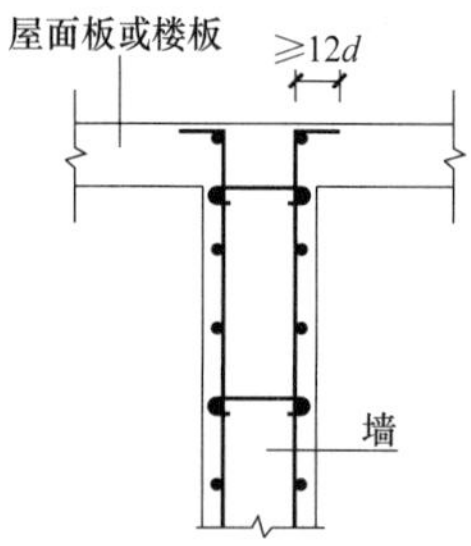 屋面板或楼板 ≥12d 墙	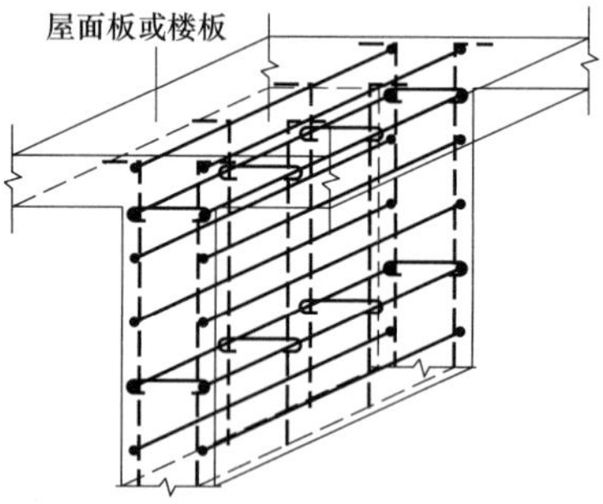 屋面板或楼板
剪力墙竖向钢筋顶部构造（三）	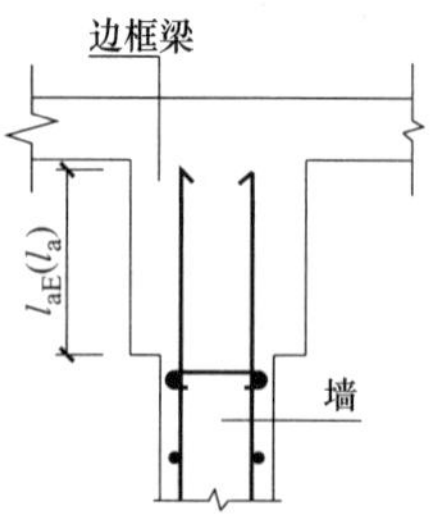 边框梁 $l_{aE}(l_a)$ 墙	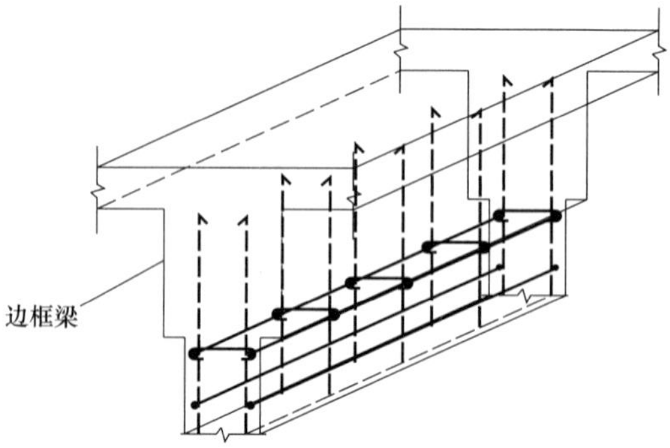 边框梁

名称	图例及有关规定	立体图示意
剪力墙变截面处竖向分布钢筋构造（一）		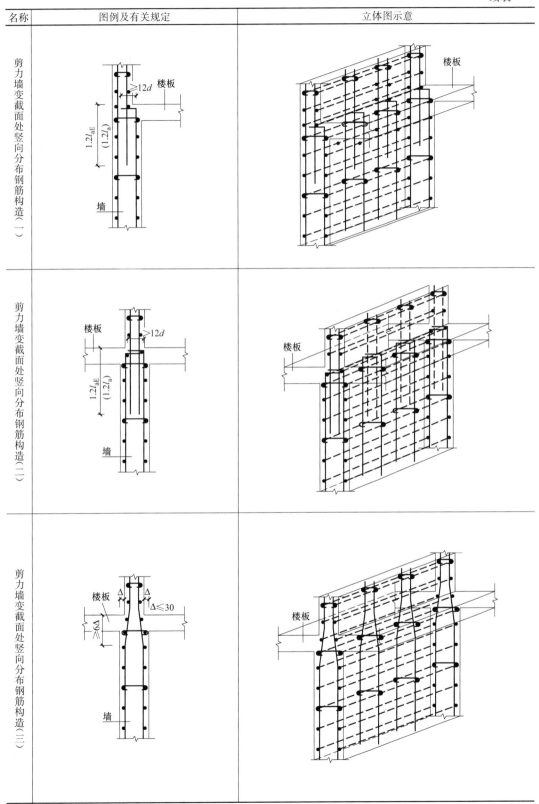
剪力墙变截面处竖向分布钢筋构造（二）		
剪力墙变截面处竖向分布钢筋构造（三）		

3.2.3 约束边缘构件 YBZ 构造

约束边缘构件 YBZ 构造，如表 3-9 所示。

约束边缘构件 YBZ 构造　　　　　　　　　　　　　　　　表 3-9

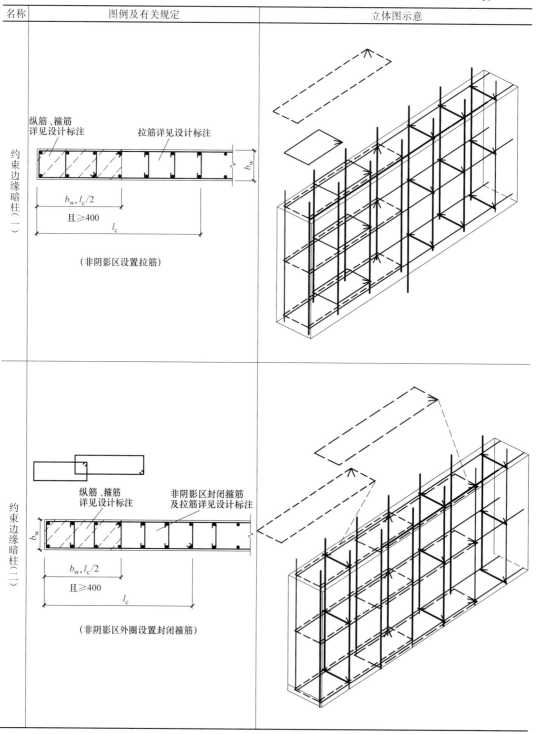

名称	图例及有关规定	立体图示意

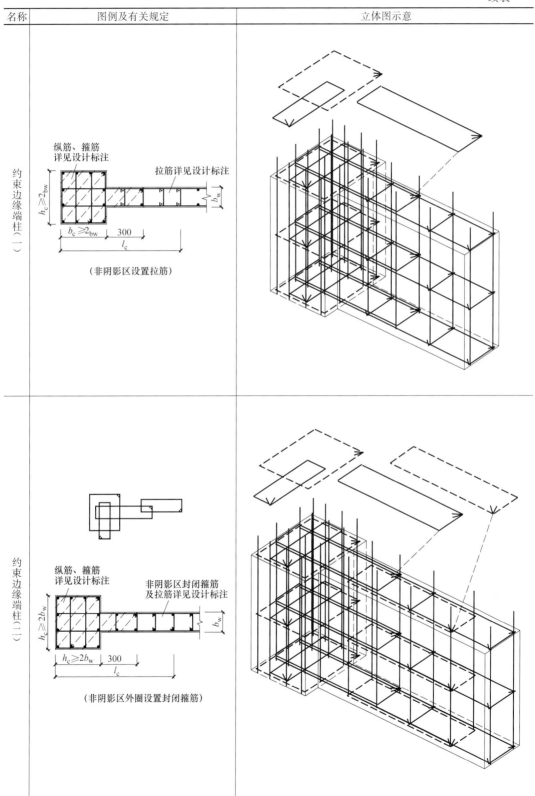

约束边缘端柱（一）

纵筋、箍筋详见设计标注

拉筋详见设计标注

$h_c \geqslant 2b_w$

$b_c \geqslant 2b_w$　300

l_c

b_w

（非阴影区设置拉筋）

约束边缘端柱（二）

纵筋、箍筋详见设计标注

非阴影区封闭箍筋及拉筋详见设计标注

$h_c \geqslant 2b_w$

$h_c \geqslant 2b_w$　300

l_c

b_w

（非阴影区外圈设置封闭箍筋）

名称	图例及有关规定	立体图示意

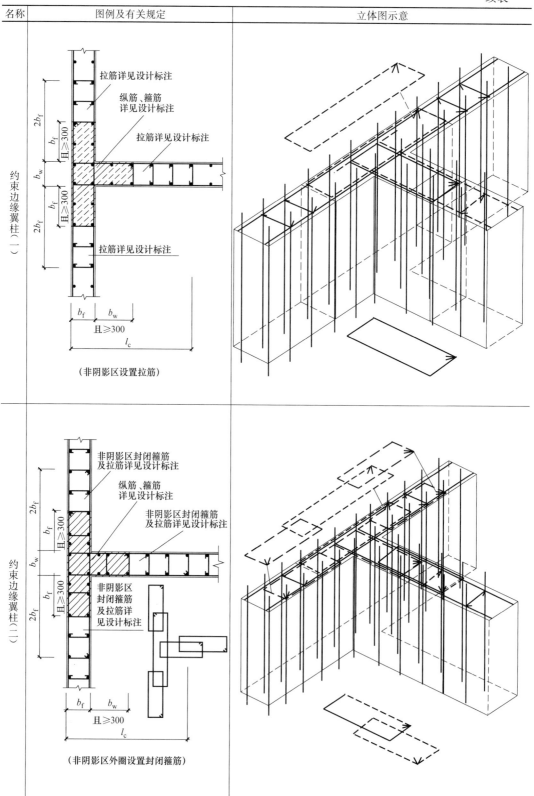

约束边缘翼柱（一）

拉筋详见设计标注

纵筋、箍筋详见设计标注

拉筋详见设计标注

拉筋详见设计标注

$2b_f$

b_f 且≥300

b_w

b_f 且≥300

$2b_f$

b_f　b_w

且≥300

l_c

（非阴影区设置拉筋）

约束边缘翼柱（二）

非阴影区封闭箍筋及拉筋详见设计标注

纵筋、箍筋详见设计标注

非阴影区封闭箍筋及拉筋详见设计标注

非阴影区封闭箍筋及拉筋详见设计标注

$2b_f$

b_f 且≥300

b_w

b_f 且≥300

$2b_f$

b_f　b_w

且≥300

l_c

（非阴影区外圈设置封闭箍筋）

3.2.4　剪力墙水平钢筋计入约束边缘构件体积配箍率的构造做法

剪力墙水平钢筋计入约束边缘构件体积配箍率的构造做法，如表 3-10 所示。

剪力墙水平钢筋计入约束边缘构件体积配箍率的构造做法　　　表 3-10

名称	约束边缘暗柱(一)
图例及有关规定	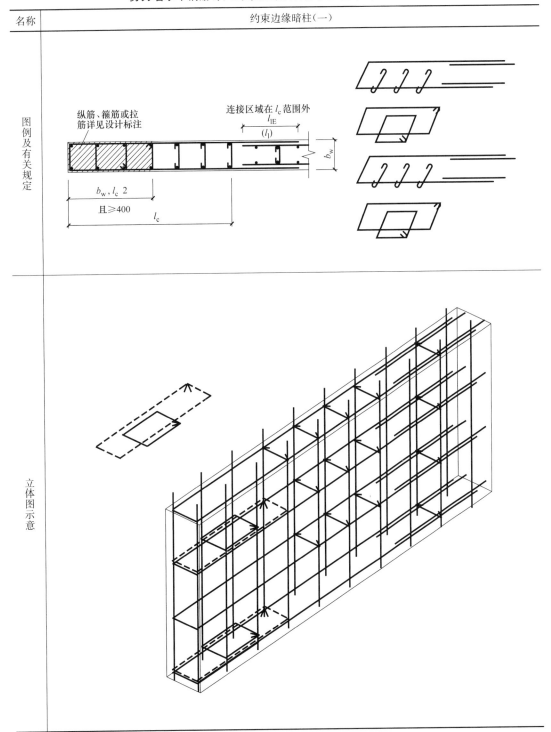
立体图示意	

<table>
<tr><td>名称</td><td>约束边缘暗柱(二)</td></tr>
<tr><td>图例及有关规定</td><td>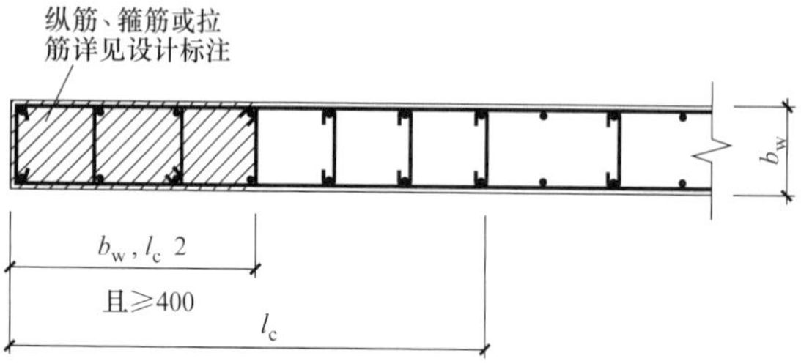
纵筋、箍筋或拉筋详见设计标注
b_w, l_c 2
且≥400
l_c
b_w
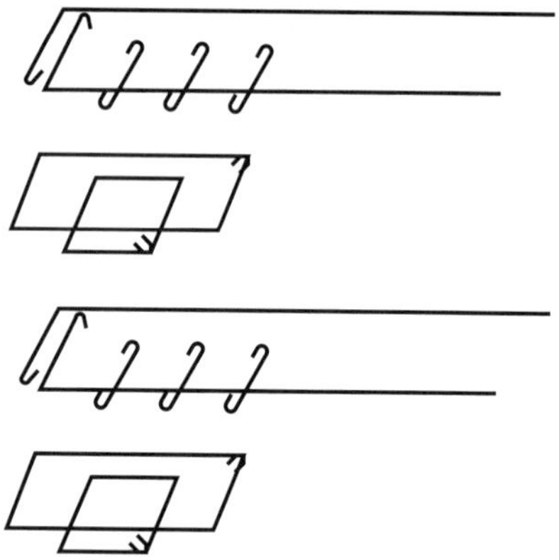</td></tr>
<tr><td>立体图示意</td><td>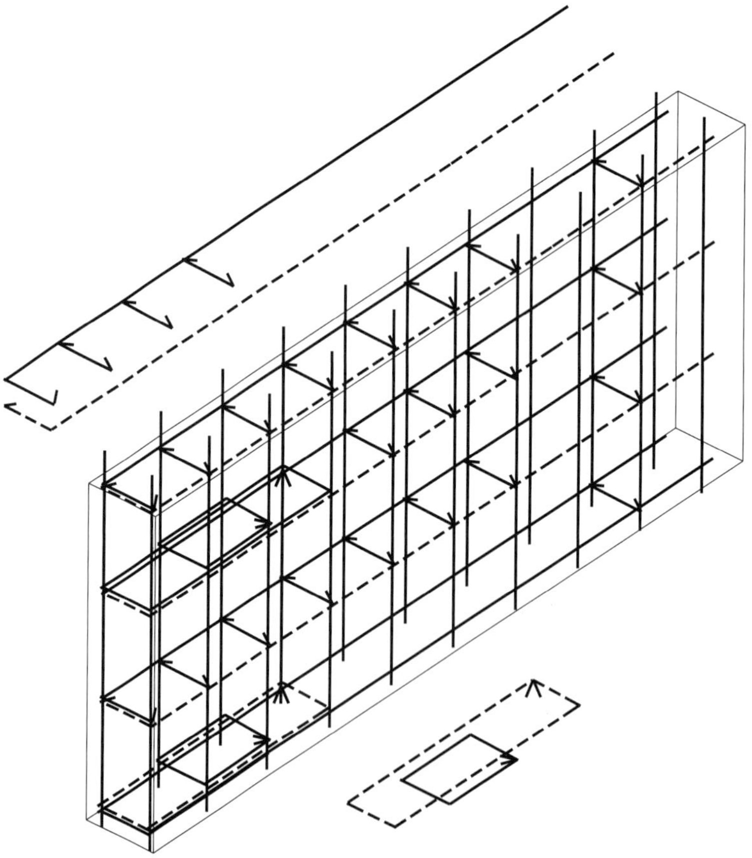</td></tr>
</table>

名称	约束边缘转角墙

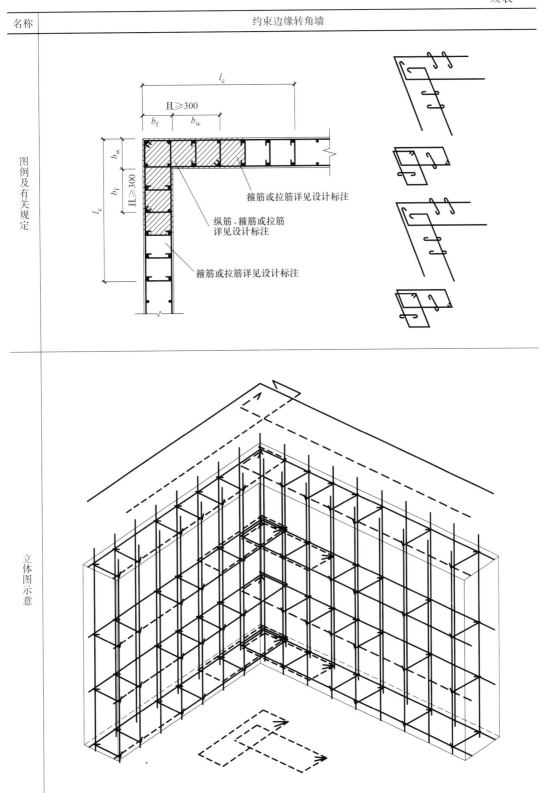

图例及有关规定

箍筋或拉筋详见设计标注

纵筋、箍筋或拉筋
详见设计标注

箍筋或拉筋详见设计标注

立体图示意

3.2.5 构造边缘构件 GBZ 构造

构造边缘构件 GBZ 构造，如表 3-11 所示。

构造边缘构件 GBZ 构造 表 3-11

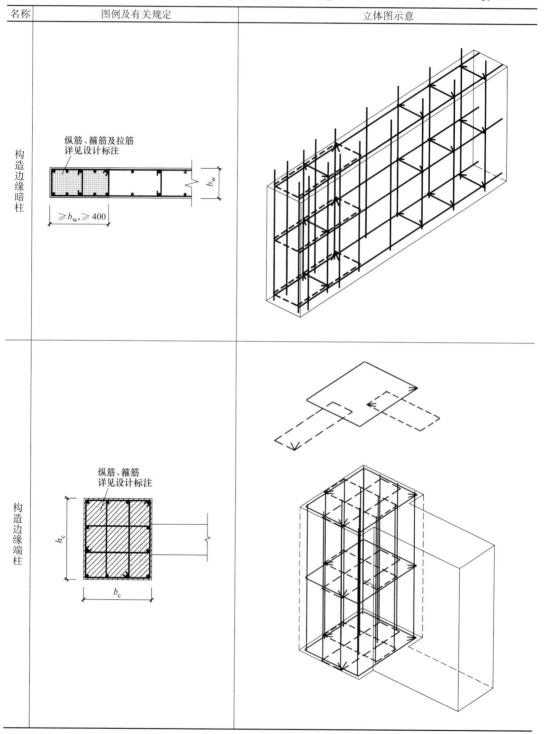

名称	图例及有关规定	立体图示意
构造边缘翼墙	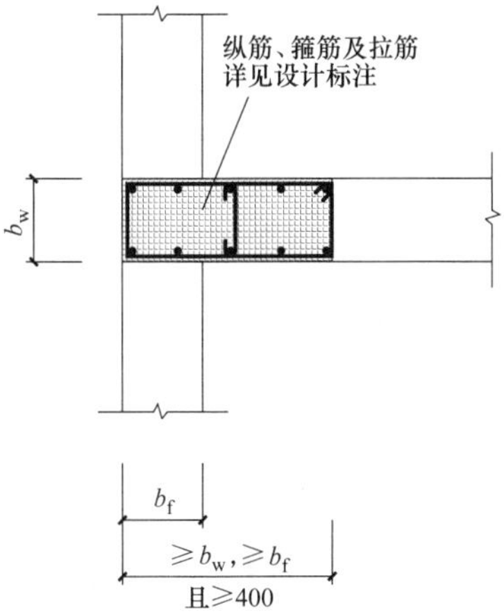 纵筋、箍筋及拉筋 详见设计标注 b_{w} b_{f} $\geqslant b_{\mathrm{w}}, \geqslant b_{\mathrm{f}}$ 且$\geqslant 400$	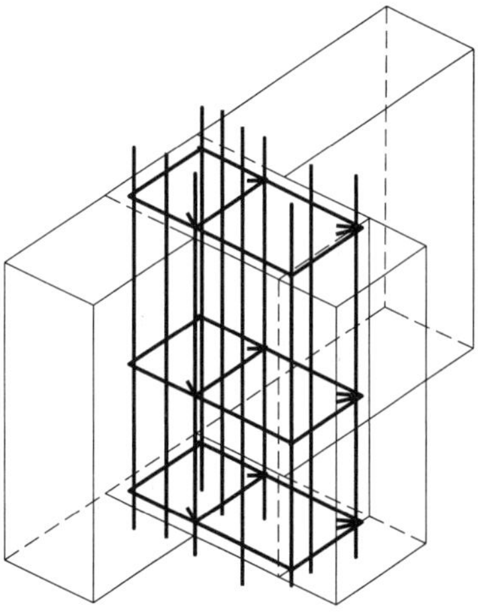
构造边缘转角墙	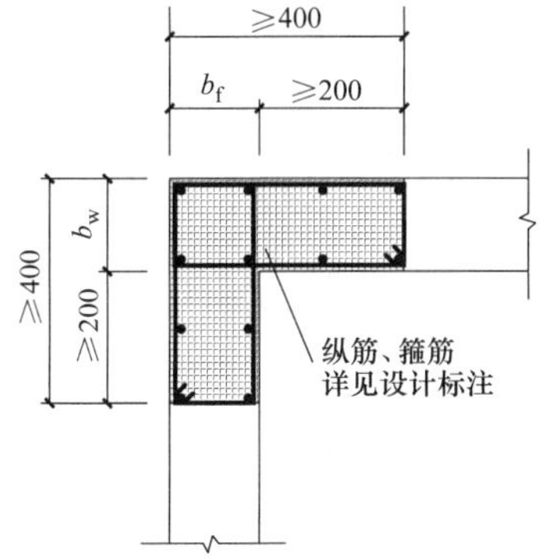 $\geqslant 400$ b_{f}　$\geqslant 200$ $\geqslant 400$　b_{w}　$\geqslant 200$ 纵筋、箍筋 详见设计标注	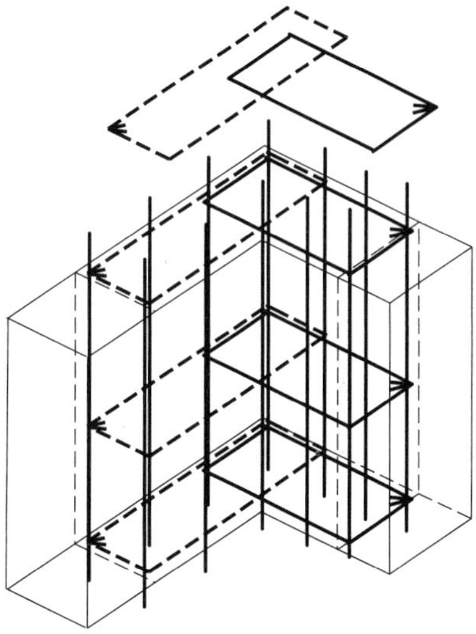

3.2.6　剪力墙边缘构件纵向钢筋连接构造

剪力墙边缘构件纵向钢筋连接构造，如表 3-12 所示。

剪力墙边缘构件纵向钢筋连接构造　　　　　　　表 3-12

名称	图例及有关规定	立体图示意
绑扎搭接	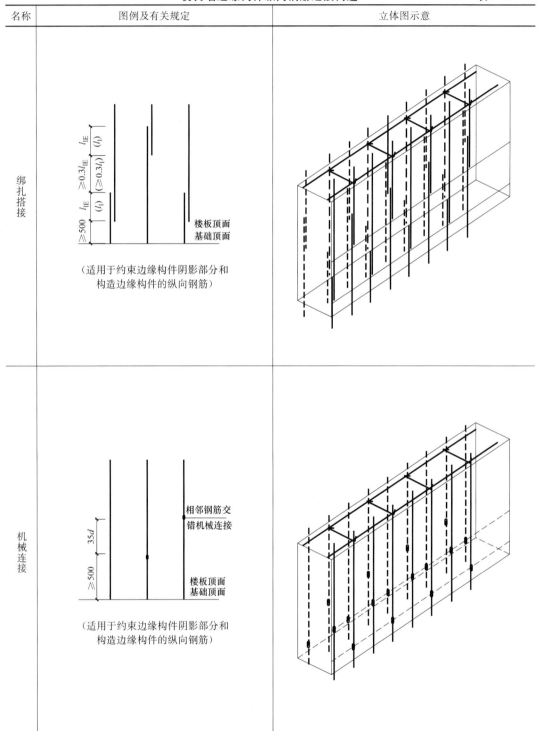（适用于约束边缘构件阴影部分和构造边缘构件的纵向钢筋）	
机械连接	相邻钢筋交错机械连接　35d　≥500　楼板顶面　基础顶面（适用于约束边缘构件阴影部分和构造边缘构件的纵向钢筋）	

3.2.7 剪力墙 LL 配筋构造

剪力墙 LL 配筋构造，如表 3-13 所示。

剪力墙 LL 配筋构造　　　　　　　　　　　　　表 3-13

名称	图例及有关规定	立体图示意
洞口连梁（端部墙肢较短）	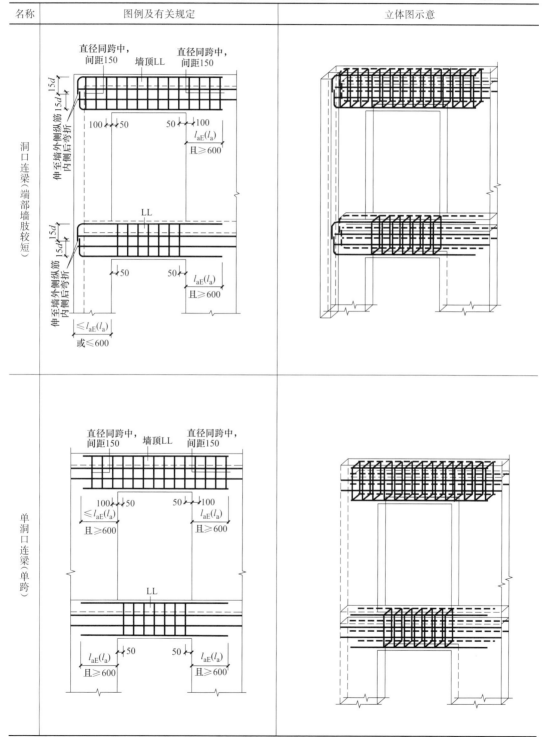	
单洞口连梁（单跨）		

名称	双洞口连梁（双跨）
图例及有关规定	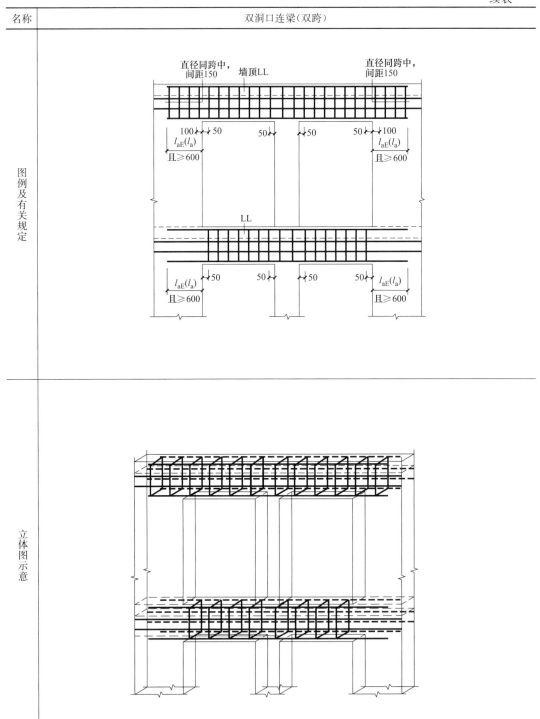
立体图示意	

3.2.8 剪力墙 BKL 或 AL 与 LL 重叠时配筋构造

剪力墙 BKL 或 AL 与 LL 重叠时配筋构造，如表 3-14 所示。

剪力墙 BKL 或 AL 与 LL 重叠时配筋构造

表 3-14

名称	图例及有关规定	立体图示意
剪力墙顶层 BKL 或 AL 与 LL 重叠时配筋构造	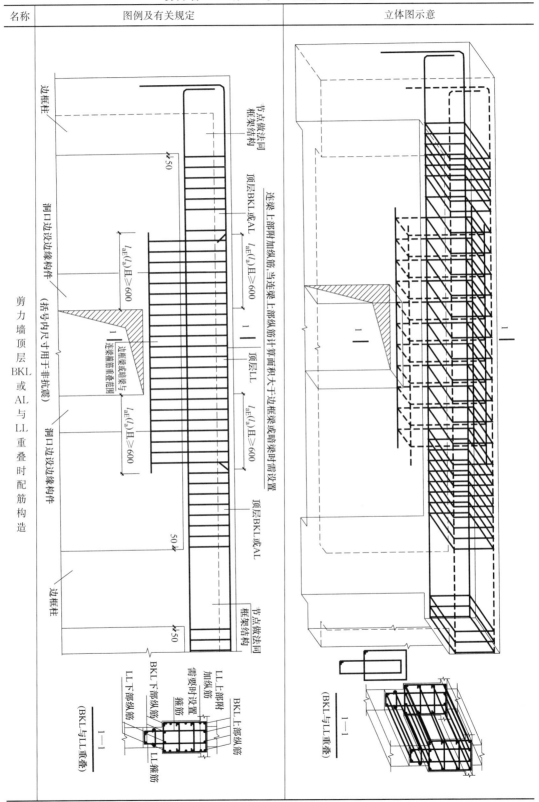	

81

名称	图例及有关规定	立体图示意

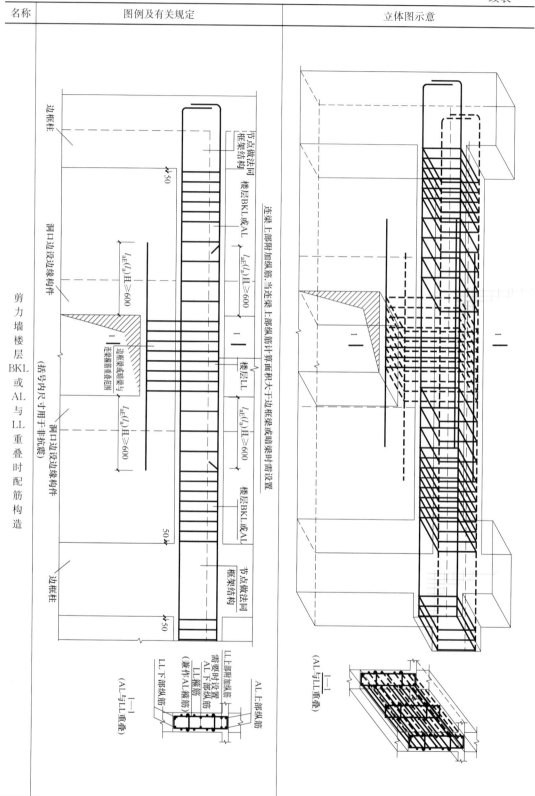

剪力墙楼层BKL或AL与LL重叠时配筋构造

3.2.9 连梁交叉斜筋 LL（JX）配筋构造

连梁交叉斜筋 LL（JX）配筋构造，如表 3-15 所示。

连梁交叉斜筋 LL（JX）配筋构造   表 3-15

名称	连梁交叉斜筋配筋构造
图例及有关规定	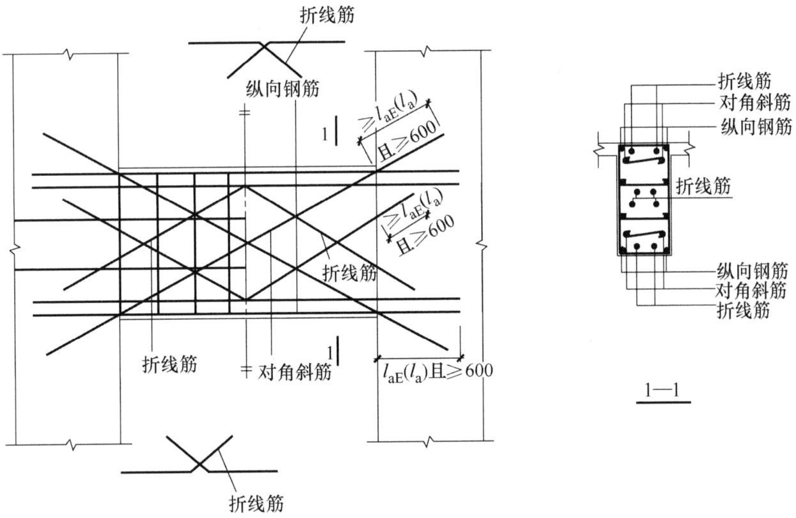
立体图示意	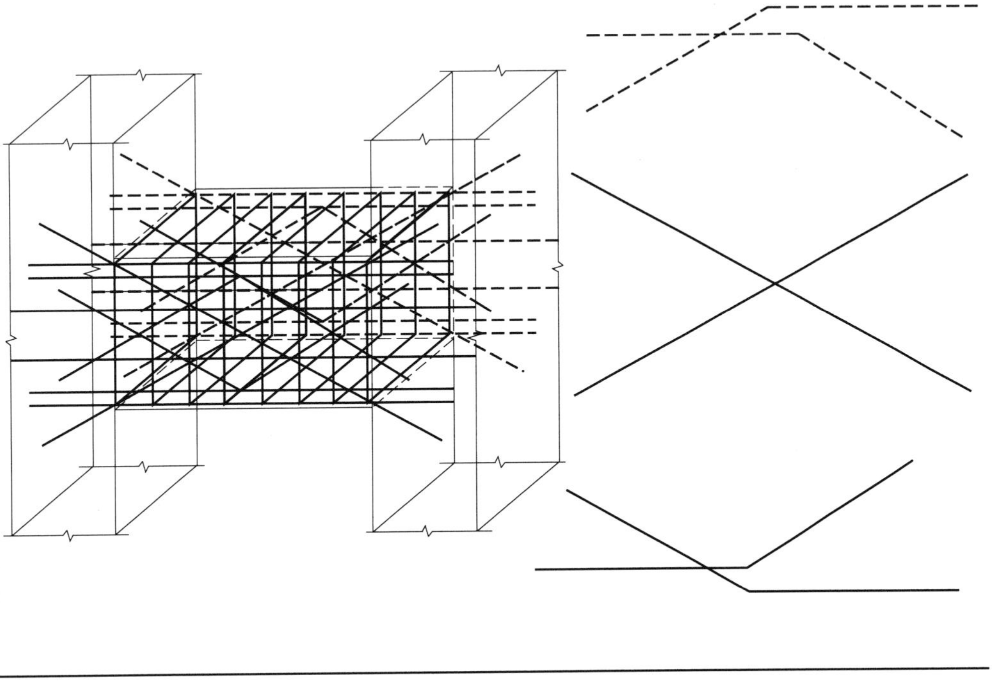

83

3.2.10 地下室外墙 DWQ 钢筋构造

地下室外墙 DWQ 钢筋构造，如表 3-16 所示。

地下室外墙 DWQ 钢筋构造　　　　　　　　　　　　　　　　　　　表 3-16

名称	地下室外墙水平钢筋构造
图例及有关规定	l_{nx}为相邻水平跨的较大净跨值,H_n为本层层高
立体图示意	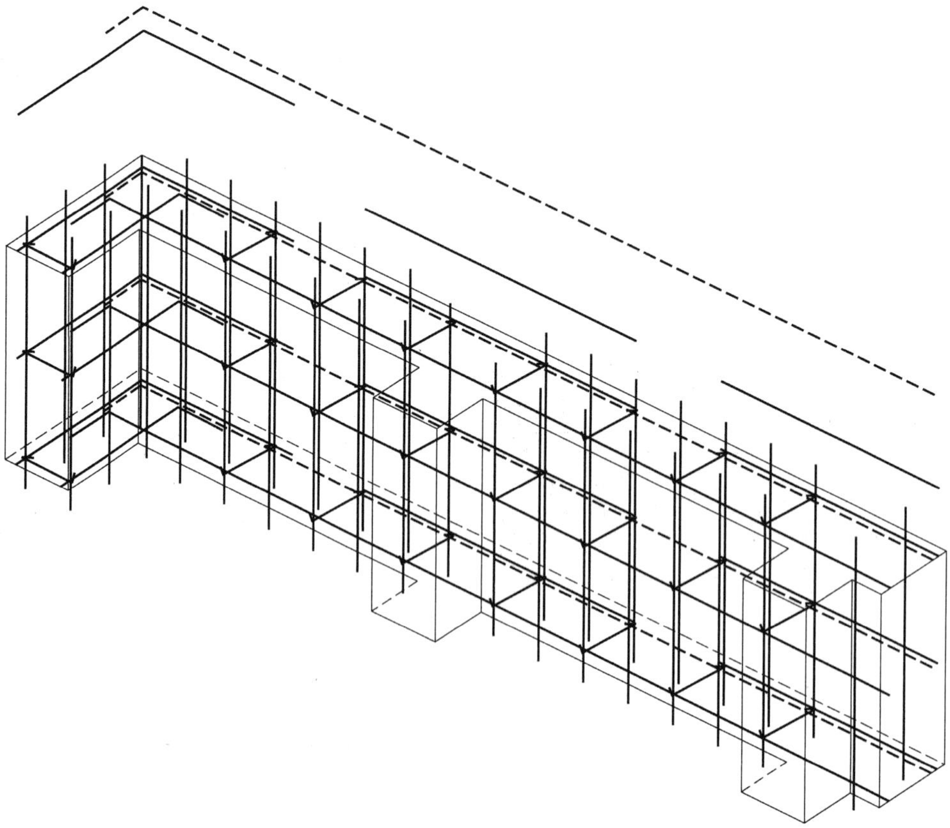

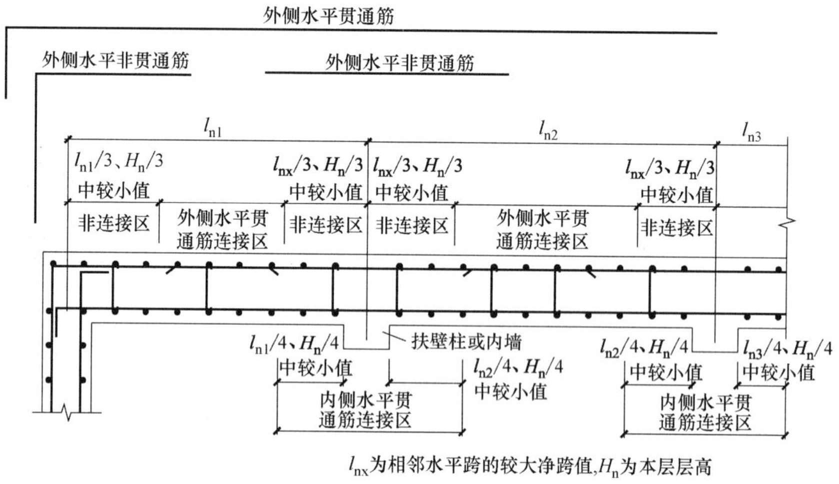

名称	图例及有关规定	立体图示意

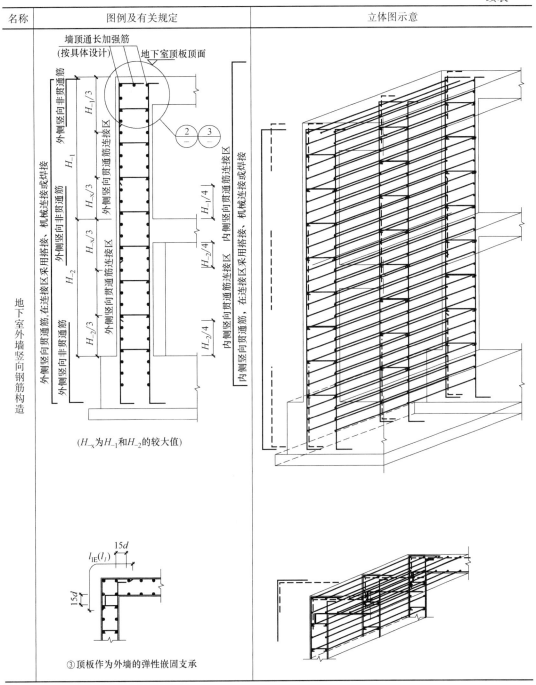

$(H_{-n}$ 为 H_{-1} 和 H_{-2} 的较大值)

③顶板作为外墙的弹性嵌固支承

3.3 剪力墙平法施工图实例导读

3.3.1 剪力墙平法施工图列表注写方式实例导读

某工程剪力墙平法施工图列表注写方式，如图 3-1 所示。

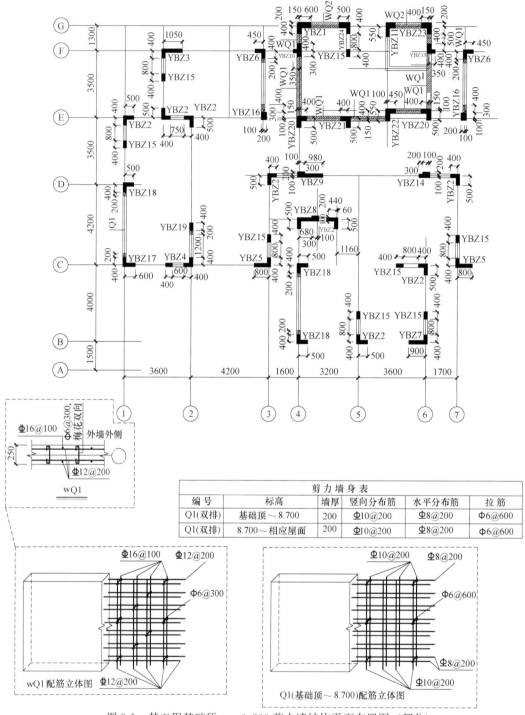

剪 力 墙 身 表

编号	标高	墙厚	竖向分布筋	水平分布筋	拉筋
Q1(双排)	基础顶~8.700	200	$\Phi10@200$	$\Phi8@200$	$\Phi6@600$
Q1(双排)	8.700~相应屋面	200	$\Phi10@200$	$\Phi8@200$	$\Phi6@600$

图 3-1　某工程基础顶~－0.300 剪力墙结构平面布置图（部分）

未注明的剪力墙均为 Q1

3.3.2　剪力墙平法施工图截面注写方式实例导读

某工程剪力墙平法施工图截面注写方式，如图 3-2 所示。

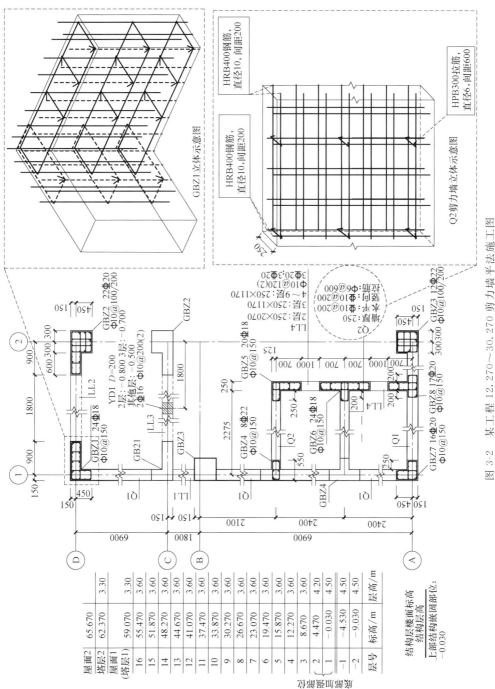

图 3-2 某工程 12.270～30.270 剪力墙平法施工图

第4章 梁平法施工图

4.1 梁平法施工图制图规则

4.1.1 梁平法施工图平面注写方式

梁平法施工图平面注写方式规则，如表4-1所示。

梁平法施工图平面注写方式规则 表4-1

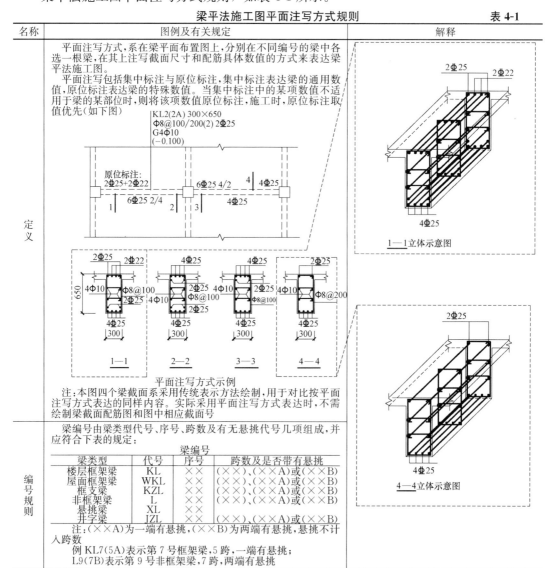

名称	图例及有关规定	解释

定义

平面注写方式,系在梁平面布置图上,分别在不同编号的梁中各选一根梁,在其上注写截面尺寸和配筋具体数值的方式来表达梁平法施工图。

平面注写包括集中标注与原位标注,集中标注表达梁的通用数值,原位标注表达梁的特殊数值。当集中标注中的某项数值不适用于梁的某部位时,则将该项数值原位标注,施工时,原位标注取值优先(如下图)

注:本图四个梁截面系采用传统表示方法绘制,用于对比按平面注写方式表达的同样内容。实际采用平面注写方式表达时,不需绘制梁截面配筋图和图中相应截面号

编号规则

梁编号由梁类型代号、序号、跨数及有无悬挑代号几项组成,并应符合下表的规定:

梁编号

梁类型	代号	序号	跨数及是否带有悬挑
楼层框架梁	KL	××	(××)、(××A)或(××B)
屋面框架梁	WKL	××	(××)、(××A)或(××B)
框支梁	KZL	××	(××)、(××A)或(××B)
非框架梁	L	××	(××)、(××A)或(××B)
悬挑梁	XL	××	
井字梁	JZL	××	(××)、(××A)或(××B)

注:(××A)为一端有悬挑,(××B)为两端有悬挑,悬挑不计入跨数

例 KL7(5A)表示第7号框架梁,5跨,一端有悬挑;

L9(7B)表示第9号非框架梁,7跨,两端有悬挑

续表

名称	图例及有关规定	解释

集中标注规则

梁集中标注的内容，有五项必注值及一项选注值（集中标注可以从梁的任意一跨引出），规定如下：

1. 梁编号

梁编号，见梁偏号表，该项为必注值。其中，对井字梁编号中关于跨数的规定见本节有关井字梁的规定。

2. 梁截面尺寸

梁截面尺寸，该项为必注值。

当为等截面梁时，用 $b \times h$ 表示；

当为竖向加腋梁时，用 $b \times h$ $GYc_1 \times c_2$ 表示，其中 c_1 为腋长，c_2 为腋高（见下图）；

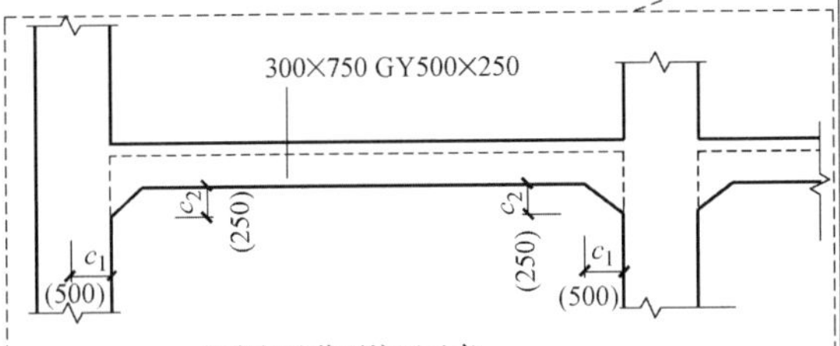
300×750 GY500×250
c2
(250)
c1
(500)

竖向加腋截面注写示意

当为水平加腋梁时，一侧加腋时用 $b \times h$ $PYc_1 \times c_2$ 表示，其中 c_1 为腋长，c_2 为腋宽，加腋部位应在平面图中绘制（见下图）；

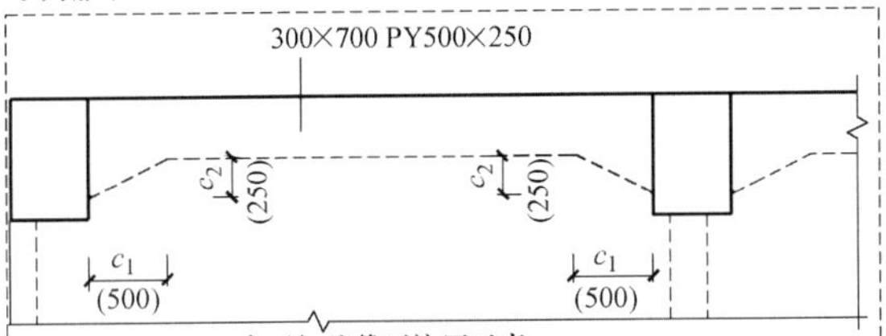
300×700 PY500×250
c2
(250)
c1
(500)

水平加腋截面注写示意

当有悬挑梁且根部和端部的高度不同时，用斜线分隔根部与端部的高度值，即为 $b \times h_1/h_2$（见下图）

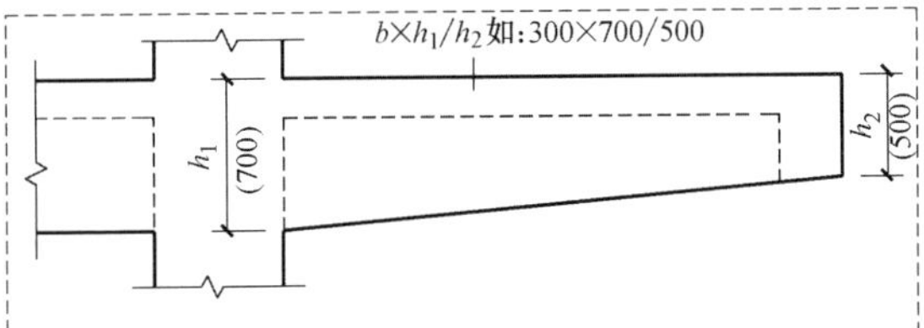
b×h1/h2如:300×700/500
h1
(700)
h2
(500)

悬挑梁不等高截面注写示意

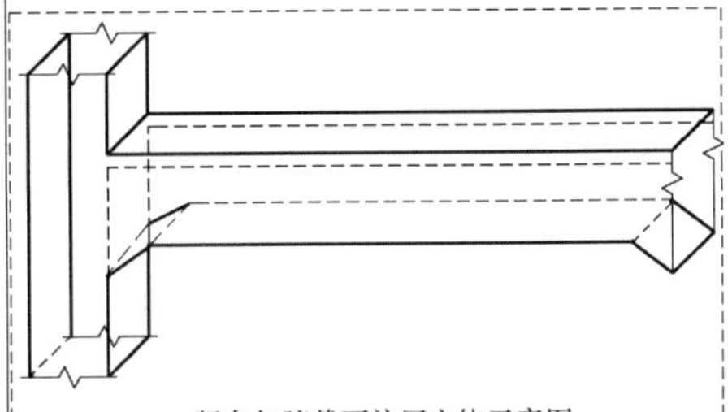

竖向加腋截面注写立体示意图

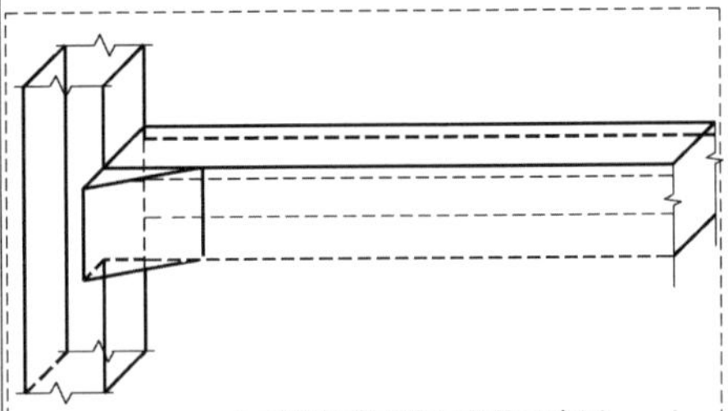

水平加腋截面注写立体示意图

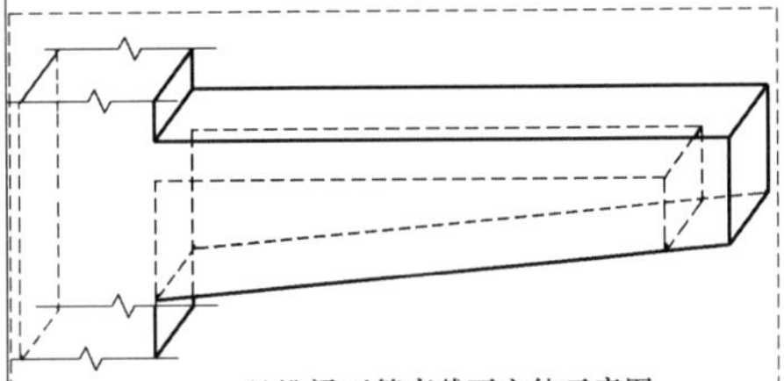

悬挑梁不等高截面立体示意图

名称	图例及有关规定	解释

集中标注规则

3. 梁箍筋

梁箍筋，包括钢筋级别、直径、加密区与非加密区间距及肢数，该项为必注值。箍筋加密区与非加密区的不同间距及肢数需用斜线"/"分隔；当梁箍筋为同一种间距及肢数时，则不需用斜线；当加密区与非加密区的箍筋肢数相同时，则将肢数注写一次；箍筋肢数应写在括号内。加密区范围见相应抗震等级的标准构造样图。

［例］ Φ10@100/200(4)，表示箍筋为HPB300钢筋，直径10mm，加密区间距为100mm，非加密区间距为200mm，均为四肢箍。

Φ8@100(4)/150(2)，表示箍筋为HPB300钢筋，直径8mm，加密区间距为100mm，四脚箍；非加密区间距为150mm，两肢箍。

当抗震设计中的非框架梁、悬挑梁、井字梁，及非抗震设计中的各类梁采用不同的箍筋间距及肢数时，也用斜线"/"将其分隔开来。注写时，先注写梁支座端部的箍筋（包括箍筋的箍数、钢筋级别、直径、间距与肢数），在斜线后注写梁跨中部分的箍筋间距及肢数。

［例］ 13Φ10@150/200(4)，表示箍筋为HPB300钢筋，直径10mm；梁的两端各有13个四肢箍，间距为150mm；梁跨中部分间距为200mm，四肢箍。

18Φ12@150(4)/200(2)，表示箍筋为HPB300钢筋，直径12mm，梁的两端各有18个四肢箍，间距为150mm；梁跨中部分，间距为200mm，两肢箍。

4. 梁上部通长筋或架立筋配置

梁上部通长筋或架立筋配置（通长筋可为相同或不同直径采用搭接连接、机械连接或焊接的钢筋），该项为必注值。所注规格与根数应根据结构受力要求及箍筋肢数等构造要求而定。当同排纵筋中既有通长筋又有架立筋时，应用加号"+"将通长筋和架立筋相联。注写时需将角部纵筋写在加号的前面，架立筋写在加号后面的括号内，以示不同直径及与通长筋的区别。当全部采用架立筋时，则将其写入括号内。

［例］ 2Φ22用于两肢箍；2Φ22+(4Φ12)用于六肢箍，其中2Φ22为通长筋，4Φ12为架立筋。

当梁的上部纵筋和下部纵筋为全跨相同，且多数跨配筋相同时，此项可加注下部纵筋的配筋值，用分号";"将上部与下部纵筋的配筋值分隔开来，少数跨不同者，按本规则定义规定处理。

［例］ 3Φ22;3Φ20，表示梁的上部配置3Φ22的通长筋，梁的下部配置3Φ20的通长筋

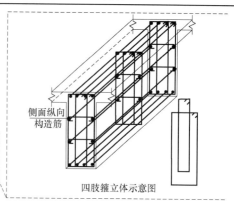

侧面纵向构造筋

四肢箍立体示意图

梁架立筋是用来固定箍筋的，是按构造配的。通长筋是指直径不一定相同但必须采用搭接、焊接或机械连接接长且两端一定在端支座锚固的钢筋

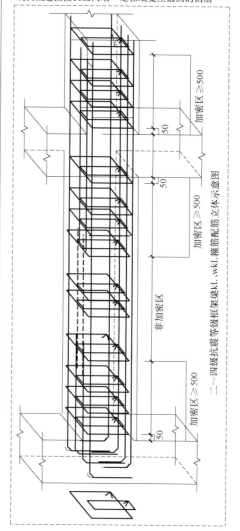

一～四级抗震等级框架梁KL、WKL箍筋配筋立体示意图

加密区≥500 50 50 加密区≥500 非加密区 50 加密区≥500

名称	图例及有关规定	解释
集中标注规则	5. 梁侧面纵向构造钢筋或受扭钢筋配置 梁侧面纵向构造钢筋或受扭钢筋配置,该项为必注值。 当梁腹板高度 $h_w \geqslant 450mm$ 时,需配置纵向构造钢筋,所注规格与根数应符合规范规定。此项注写值以大写字母G打头,接续注写设置在梁两个侧面的总配筋值,且对称配置。 〔例〕 G4Φ12,表示梁的两个侧面共配置 4Φ12 的纵向构造钢筋,每侧各配置 2Φ12。 当梁侧面需配置受扭纵向钢筋时,此项注写值以大写字母N打头,接续注写配置在梁两个侧面的总配筋值,且对称配置。受扭纵向钢筋应满足梁侧面纵向构造钢筋的间距要求,且不再重复配置纵向构造钢筋。 〔例〕 N6Φ22,表示梁的两个侧面共配置 6Φ22 的受扭纵向钢筋,每侧各配置 3Φ22。 注:1. 当为梁侧面构造钢筋时,其搭接与锚固长度可取为 15d。 2. 当为梁侧面受扭纵向钢筋时,其搭接长度为 l_l 或 l_{lE}(抗震),锚固长度为 l_a 或 l_{aE}(抗震);其锚固方式同框架梁下部纵筋。 6. 梁顶面标高高差 梁顶面标高高差,该项为选注值。 梁顶面标高高差,系指相对于结构层楼面标高的高差值,对于位于结构夹层的梁,则指相对于结构夹层楼面标高的高差。有高差时,需将其写入括号内,无高差时不注。 注:当某梁的顶面高于所在结构层的楼面标高时,其标高高差为正值,反之为负值。 〔例〕 某结构标准层的楼面标高为 44.950m 和 48.250m,当某梁的梁顶面标高高差注写为(−0.050)时,即表明该梁顶面标高分别相对于 44.950m 和 48.250 低 0.05m	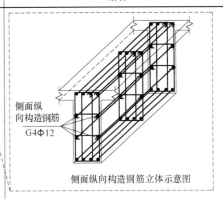 侧面纵向构造钢筋 G4Φ12 侧面纵向构造钢筋立体示意图 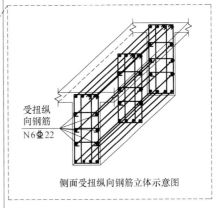 受扭纵向钢筋 N6Φ22 侧面受扭纵向钢筋立体示意图
原位标注规则	1. 梁支座上部纵筋 梁支座上部纵筋,该部位含通长筋在内的所有纵筋: (1)当上部纵筋多于一排时,用斜线"/"将各排纵筋自上而下分开。 〔例〕 梁支座上部纵筋注写为6Φ25 4/2,则表示上一排纵筋为4Φ25,下一排纵筋为2Φ25。 (2)当同排纵筋有两种直径时,用加号"+"将两种直径的纵筋相联,注写时将角部纵筋写在前面。 〔例〕 梁支座上部有四根纵筋:2Φ25 放在角部,2Φ22 放在中部,在梁支座上部应注写为 2Φ25+2Φ22	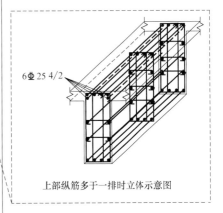 6Φ25 4/2 上部纵筋多于一排时立体示意图

名称	图例及有关规定	解释

原位标注规则

（3）当梁中间支座两边的上部纵筋不同时，须在支座两边分别标注；当梁中间支座两边的上部纵筋相同时，可仅在支座的一边标注配筋值，另一边省去不注（见下图）。

KL7(3) 300×700
Φ10@100/200(2) 2Φ25
N4Φ18
(−0.100)

4Φ25　　　　6Φ25 4/2　　6Φ25 4/2　　6Φ25 4/2　　　4Φ25
　　　　　　4Φ25　　　　2Φ25　　　　　4Φ25
　　　　　　　　　　　G4Φ10

大小跨梁注写示意

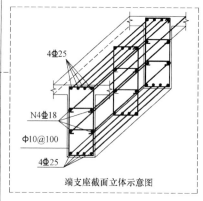

4Φ25

N4Φ18

Φ10@100

4Φ25

端支座截面立体示意图

设计时应注意：

（1）对于支座两边不同配筋值的上部纵筋，宜尽可能选用相同直径（不同根数），使其贯穿支座，避免支座两边不同直径的上部纵筋均在支座内锚固。

（2）对于以边柱、角柱为端支座的屋面框架梁，当能够满足配筋截面面积要求时，其梁的上部钢筋应尽可能只配置一层，以避免梁柱纵筋在柱顶处因层数过多、密度过大导致不方便施工和影响混凝土浇筑质量。

2. 梁下部纵筋

（1）当下部纵筋多于一排时，用斜线"/"将各排纵筋自上而下分开。

［例］ 梁下部纵筋注写为 6Φ25 2/4，则表示上一排纵筋为 2Φ25，下一排纵筋为 4Φ25，全部伸入支座。

（2）当同排纵筋有两种直径时，用加号"+"将两种直径的纵筋相联，注写时角筋写在前面。

（3）当梁下部纵筋不全部伸入支座时，将梁支座下部纵筋减少的数量写在括号内。

［例］ 梁下部纵筋注写为 6Φ25 2(−2)/4，则表示上排纵筋为 2Φ25，且不伸入支座；下一排纵筋为 4Φ25，全部伸入支座。

梁下部纵筋写为 2Φ25+3Φ22(−3)/5Φ25，表示上排纵筋为 2Φ25 和 3Φ22。其中 3Φ22 不伸入支座；下一排纵筋为 5Φ25，全部伸入支座。

（4）当梁的集中标注中已按本规则集中标注第 4 款的规定分别注写了梁上部和下部均为通长的纵筋值时，则不需在梁下部重复做复位标注

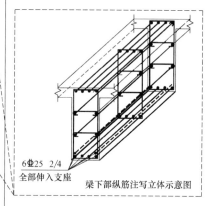

6Φ25 2/4

全部伸入支座

梁下部纵筋注写立体示意图

名称	图例及有关规定	解释
原位标注规则	（5）当梁设置竖向加腋时,加腋部位下部斜纵筋应在支座下部以Y打头注写在括号内(见下图)11G101-1 图集中框架梁竖向加腋构造适用于加腋部位参与框架梁计算,其他情况设计者应另行给出构造。当梁设置水平加腋时,水平加腋内上、下部斜纵筋应在加腋支座上部以Y打头注写在括号内,上下部斜纵筋之间用"/"分隔(见下图)。 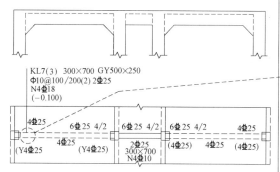 KL7(3) 300×700 GY500×250 Φ10@100/200(2) 2Φ25 N4Φ18 (−0.100) 梁竖向加腋平面注写方式表达示例 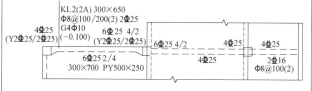 KL2(2A) 300×650 Φ8@100/200(2) 2Φ25 G4Φ10 (−0.100) 梁水平加腋平面注写方式表达示例 3. 集中标注与原位标注的关系 当在梁上集中标注的内容(即梁截面尺寸、箍筋、上部通长筋或架立筋,梁侧面纵向构造钢筋或受扭纵向钢筋,以及梁顶面标高高差中的某一项或几项数值)不适用于某跨或某悬挑部分时,则将其不同数值原位标注在该跨或该悬挑部位,施工时应按原位标注数值取用。 当在多跨梁的集中标注中已注明加腋,而该梁某跨的根部却不需要加腋时,则应在该跨原位标注等截面的 $b×h$,以修正集中标注中的加腋信息(见上图梁竖向加腋平面注写方式表达示例)	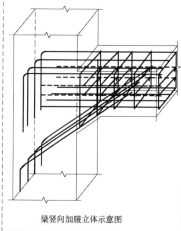 梁竖向加腋立体示意图

名称	图例及有关规定	解释

原位标注规则

4. 附加箍筋或吊筋　附加箍筋或吊筋,将其直接画在平面图中的主梁上,用线引注总配筋值,附加箍筋的肢数注在括号内(见下图)。当附加箍筋或吊筋相同时,可在梁平法施工图上统一注明,少数与统一注明值不同时,再原位引注

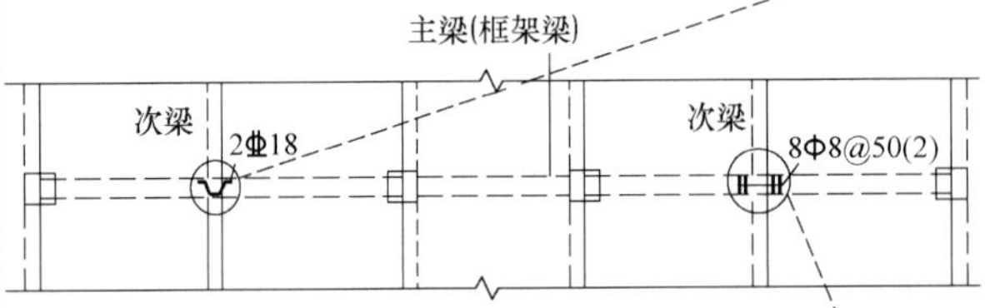

次梁　2⊈18　主梁(框架梁)　次梁　8φ8@50(2)

附加箍筋和吊筋的画法示例

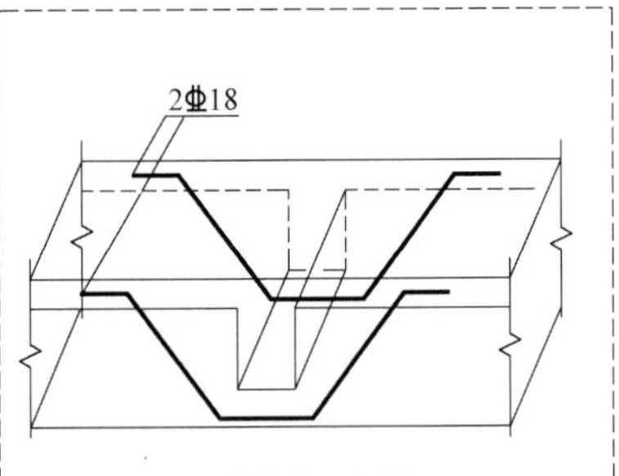

2⊈18

吊筋立体示意图

该区域梁正常箍筋照设

次梁

50　50　50

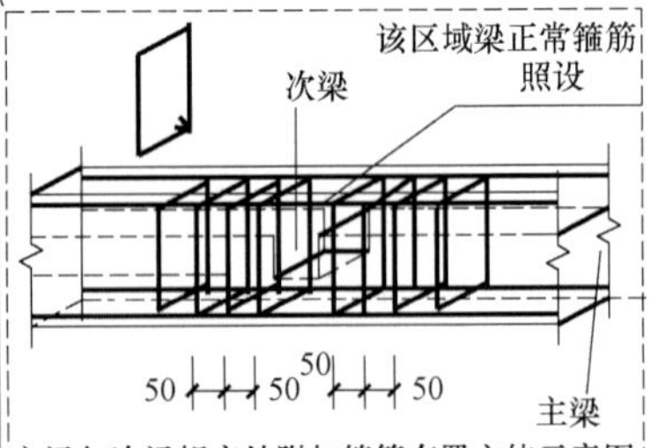

主梁与次梁相交处附加箍筋布置立体示意图

主梁

井字梁注写规则

井字梁通常由非框架梁构成,并以框架梁为支座(特殊情况下以专门设置的非框架大梁为支座)。在此情况下,为明确区分井字梁与作为井字梁支座的梁,井字梁用单粗虚线表示(当井字梁顶面高出板面时可用单粗实线表示),作为井字梁支座的梁用双细虚线表示(当梁顶面高出板面时可用双细实线表示)。

11G101-1图集所规定的井字梁系指在同一矩形平面内相互正交所组成的结构构件,井字梁所分布范围称为"矩形平面网格区域"(简称"网格区域")。当在结构平面布置中仅有由四根框架梁框起的一片网格区域时,所有在该区域相互正交的井字梁均为单跨;当有多片网格区域相连时,贯通多片网格区域的井字梁为多跨,且相邻两片网格区域分界处即为该井字梁的中间支座。对某根井字梁编号时,其跨数为其总支座数减1;在该梁的任意两个支座之间,无论有几根同类梁与其相交,均不作为支座(见下图)

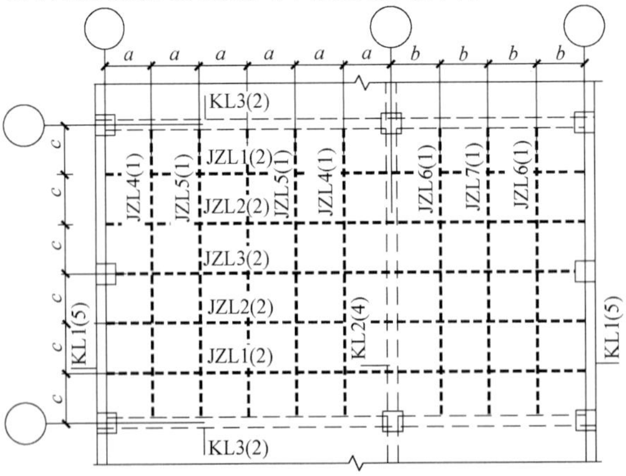

井字梁矩形平面网格区域示意

名称	图例及有关规定	解释
井字梁注写规则	井字梁的注写规则见本节平面注写方式的规定。除此之外,设计者应注明纵横两个方向梁相交处同一层面钢筋的上下交错关系(指梁上部或下部的同层面交错钢筋何梁在上何梁在下),以及在该相交处两方向梁箍筋的布置要求。 井字梁的端部支座和中间支座上部纵筋的伸出长度 a_0 值,应由设计者在原位加注具体数值予以注明。 当采用平面注写方式时,则在原位标注的支座上部纵筋后面括号内加注具体伸出长度值(见下图)。 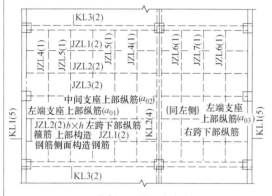 井字梁平面注写方式示例 注:本图仅示意井字梁的注写方式,未注明截面几何尺寸 $b \times h$,支座上部纵筋伸出长度 $a_{01} \sim a_{03}$,以及纵筋与箍筋的具体数值。 〔例〕 贯通两片网格区域采用平面注写方式的某井字梁,其中间支座上部纵筋注写为 6Φ25 4/2(3200/2400),表示该位置上部纵筋设置两排,上一排纵筋为 4Φ25,自支座边缘向跨内伸出长度 3200mm;下一排纵筋为 2Φ25,自支座边缘跨内伸出长度为 2400mm。 当为截面注写方式时,则在梁端截面配筋图上注写的上部纵筋后面括号内加注具体伸出长度值(见下图) 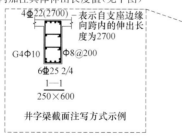 井字梁截面注写方式示例	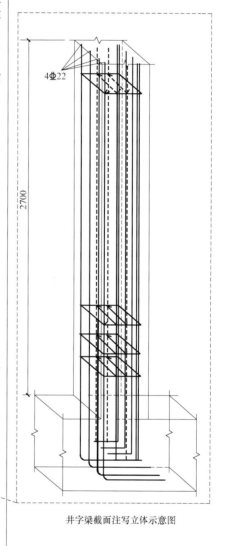 井字梁截面注写立体示意图
其他规则	在梁平法施工图中,当局部梁的布置过密时,可将过密区用虚线框出,适当放大比例后再用平面注写方式表示	

4.1.2 梁平法施工图截面注写方式

梁平法施工图截面注写方式规则,如表 4-2 所示。

梁平法施工图截面注写方式规则 表 4-2

名称	图例及有关规定	解释
定义	截面注写方式,系在标准层绘制的梁平面布置图上,分别在不同编号的梁中各选择一根梁用剖面号引出配筋图,并在其上注写截面尺寸和配筋具体数值的方式来表达梁平法施工图	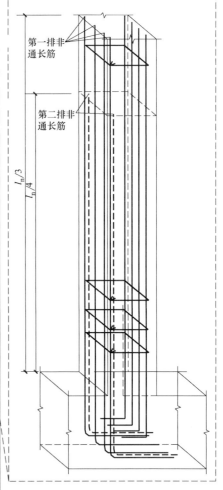
注写规则	1. 编号规则 对所有梁按平面注写方式中梁编号表的规定进行编号,从相同编号的梁中选择一根梁,先将"单边截面号"画在该梁上,再将截面配筋详图画在本图或其他图上。当某梁的顶面标高与结构层的楼面标高不同时,尚应继其梁编号后注写梁顶面标高高差(注写规定与平面注写方式相同)。 2. 注写内容 在截面配筋图上注写截面尺寸 $b \times h$、上部筋、下部筋、侧面构筋、受扭筋、箍筋的具体数值。 截面注写方式既可以单独使用,也可与平面注写方式结合使用	
梁支座上部纵筋的长度规定	1. 框架梁支座和非框架梁中间支座上部纵筋的伸出长度 为方便施工,凡框架梁的所有支座和非框架梁(不包括井字梁)的中间支座上部纵筋的伸出长度 a_0 值在标准构造详图中统一取值为:第一排非通长筋及与跨中直径不同的通长筋从柱(梁)边起伸出至 $l_n/3$ 位置;第二排非通长筋伸出至 $l_n/4$ 位置。l_n 的取值规定为:对于端支座,l_n 为本跨的净跨值;对于中间支座,l_n 为支座两边较大一跨的净跨值。 2. 悬挑梁纵筋 悬挑梁(包括其他类型梁的悬挑部分)上部第一排纵筋伸出至梁端关并下弯,第二排伸出至 $3l/4$ 位置,l 为自柱(梁)边算起的悬挑净长。当具体工程需要将悬挑梁中的部分上部钢筋从悬挑梁根部开始斜向弯下时,应由设计者另加注明。 设计者在执行关于梁支座端上部纵筋伸出长度的统一取值规定时,特别是在大小跨相邻和端支座外为长悬臂的情况下,还应注意按《混凝土结构设计规范》(GB 50010—2010)的相关规定进行校核,若不满足时应根据规范规定进行变更	框架梁支座上部纵筋的伸出长度立体示意图

4.1.3 不伸入支座的梁下部纵筋长度规定

不伸入支座的梁下部纵筋长度规定，如表 4-3 所示。

名称	图例及有关规定	解释
不伸入支座的梁下部纵筋长度规定	当梁(不包括框支梁)下部纵筋不全部伸入支座时，不伸入支座的梁下部纵筋截断点距支座边的距离，在标准构造详图中统一取为 $0.1l_{ni}$(l_{ni}为本跨梁的净跨值)。 当按以上规定确定不伸入支座的梁下部纵筋的数量时，应符合《混凝土结构设计规范》(GB 50010—2010)的有关规定	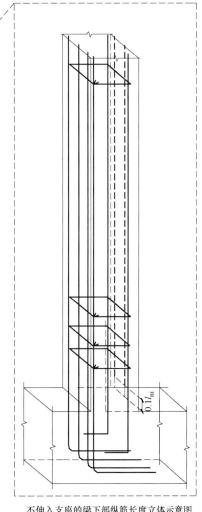 不伸入支座的梁下部纵筋长度立体示意图
其他注写规则	梁平法施工图其他注写规则，如表 4-4 所示。 (1)非框架梁、井字梁的上部纵向钢筋在端支座的锚固要求，11G101-1 图集标准构造详图中规定：当设计按铰接时，平直段伸至端支座对边后弯折，且平直段长度不小于 $0.35l_{ab}$，弯折段长度 $15d$(d 为纵向钢筋直径)；当充分利用钢筋的抗拉强度时，直段伸至端支座对边后弯折，且平直段长度不小于 $0.6l_{ab}$，弯折段长度 $15d$。设计者应在平法施工图中注明采用何种构造，当多数采用同种构造时可在图注中统一写明，并将少数不同之处在图中注明。 (2)非抗震设计时，框架梁下部纵向钢筋在中间支座的锚固长度，11G101-1 图集的构造详图中按计算中充分利用钢筋的抗拉强度考虑。当计算中不利用该钢筋的强度时，其伸入支座的锚固长度对于带肋钢筋为 $12d$，对于光面钢筋为 $15d$(d 为纵向钢筋直径)，此时设计者应注明。 (3)非框架梁的下部纵向钢筋在中间支座和端支座的锚固长度，在 11G101-1 图集的构造详图中规定：对于带肋钢筋为 $12d$；对于光面钢筋为 $15d$(d 为纵向钢筋直径)。当计算中需要充分利用下部纵向钢筋的抗压强度或抗拉强度，或具体工程有特殊要求时，其锚固长度应由设计者按照《混凝土结构设计规范》(GB 50010—2010)的相关规定进行变更。 (4)当非框架梁配有受扭纵向钢筋时，梁纵筋锚入支座的长度为 l_a，在端支座直锚长度不足时可伸至端支座对边后弯折，且平直段长度不小于 $0.6l_{ab}$，弯折长度 $15d$。设计者应在图中注明。 (5)当梁纵筋兼做温度应力钢筋时，其锚入支座的长度由设计确定。 (6)当两楼层之间设有层间梁时(如结构夹层位置处的梁)，应将设置该部分梁的区域划出另行绘制梁结构布置图，然后在其上表达梁平法施工图。 (7)11G101-1 图集 KZL 用于托墙框支梁，当托柱转换梁采用 KZL 编号并使用 11G101-1 图集构造时，设计者应根据实际情况进行判定，并提供相应的构造变更	

4.2 梁标准构造详图

4.2.1 抗震楼层框架梁 KL 纵向钢筋构造

抗震楼层框架梁 KL 纵向钢筋构造，如表 4-4 所示。

抗震楼层框架梁 KL 纵向钢筋构造 表 4-4

名称	抗震楼层框架梁 KL 纵向钢筋构造
图例及有关规定	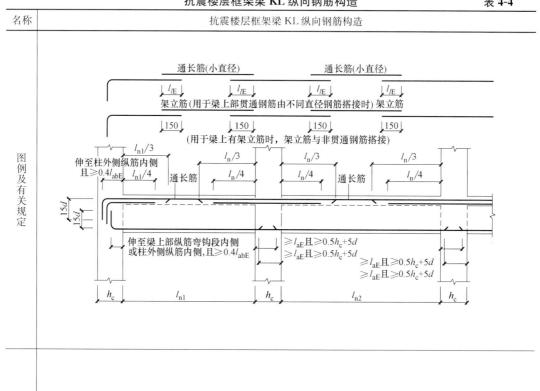
立体图示意	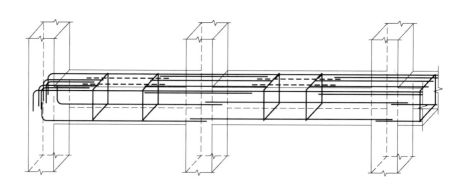

4.2.2 抗震屋面框架梁 WKL 纵向钢筋构造

抗震屋面框架梁 WKL 纵向钢筋构造，如表 4-5 所示。

抗震屋面框架梁 WKL 纵向钢筋构造   表 4-5

名称	抗震层面框架梁 WKL 纵向钢筋构造
图例及有关规定	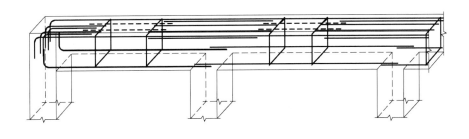
立体图示意	

4.2.3 非抗震楼层框架梁 KL 纵向钢筋构造

非抗震楼层框架梁 KL 纵向钢筋构造，如表 4-6 所示。

非抗震楼层框架梁 KL 纵向钢筋构造 表 4-6

名称	非抗震楼层框架梁 KL 纵向钢筋构造
图例及有关规定	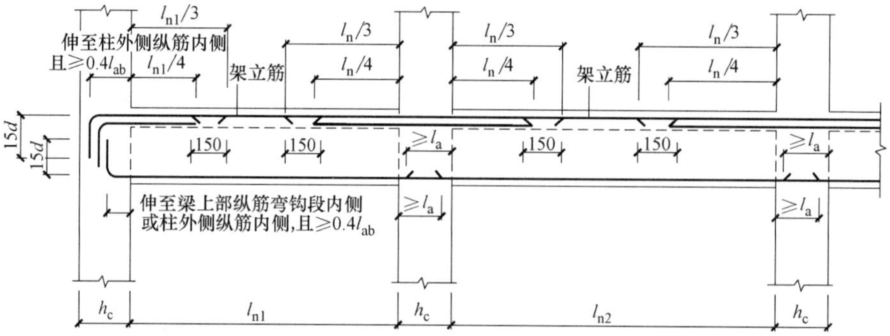
立体图示意	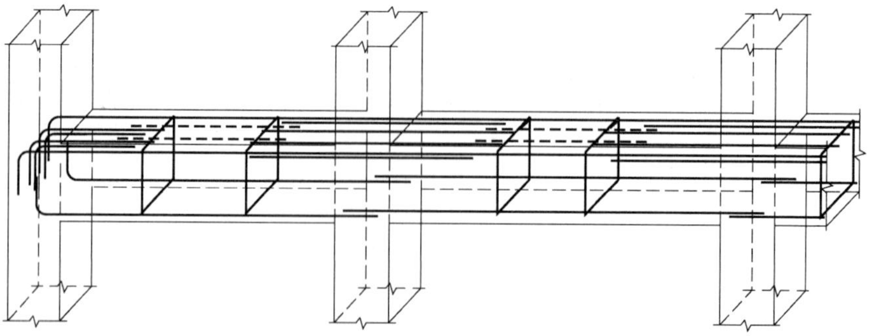

4.2.4 非抗震层面框架梁 WKL 纵向钢筋构造

非抗震层面框架梁 WKL 纵向钢筋构造，如表 4-7 所示。

非抗震屋层框架梁 WKL 纵向钢筋构造 表 4-7

名称	非抗震屋面框架梁 WKL 纵向钢筋构造
图例及有关规定	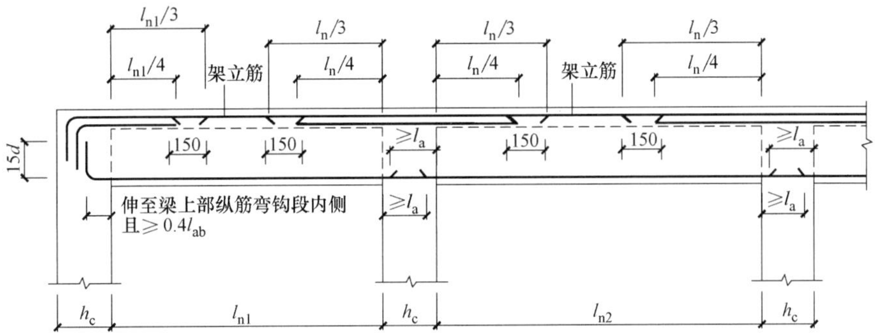
立体图示意	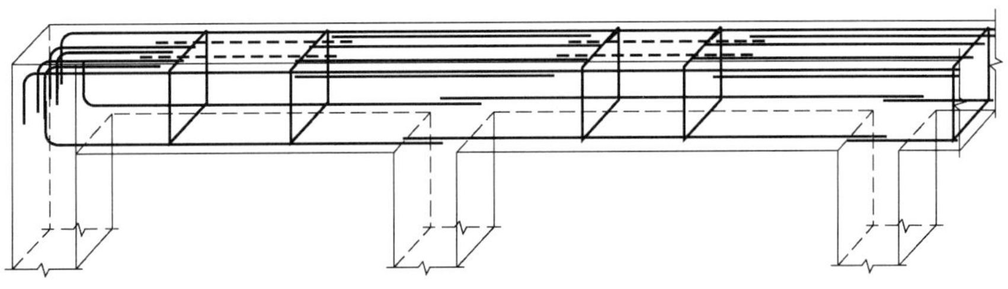

4.2.5 框架梁竖向加腋构造

框架梁竖向加腋构造，如表 4-8 所示。

框架梁竖向加腋构造 **表 4-8**

名称	图例及有关规定	立体图示意
框架梁竖向加腋构造	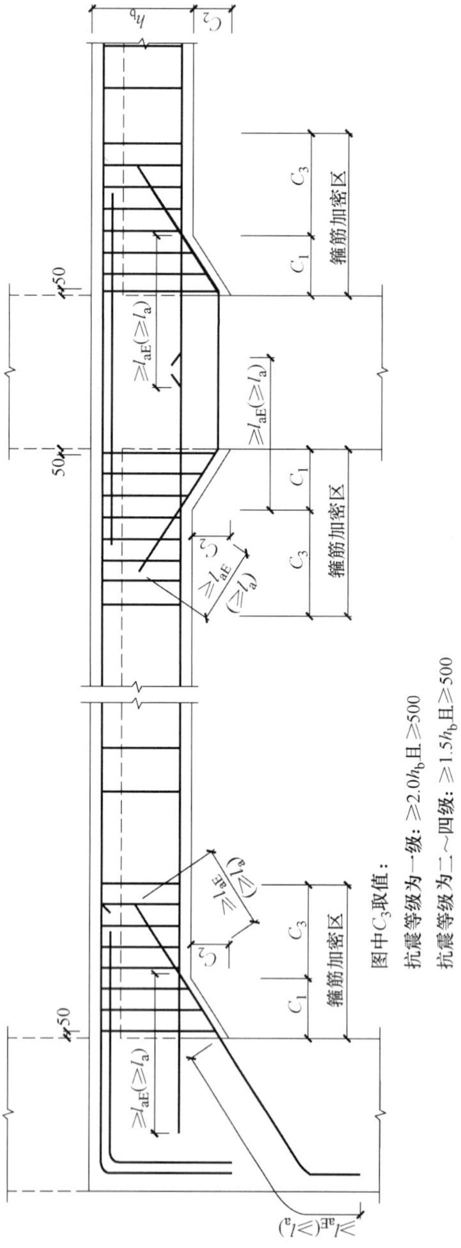h_b C_2 C_3 C_1 箍筋加密区 50 $\geq l_{aE}(\geq l_a)$ 图中C_3取值： 抗震等级为一级：$\geq 2.0h_b$且≥ 500 抗震等级为二～四级：$\geq 1.5h_b$且≥ 500	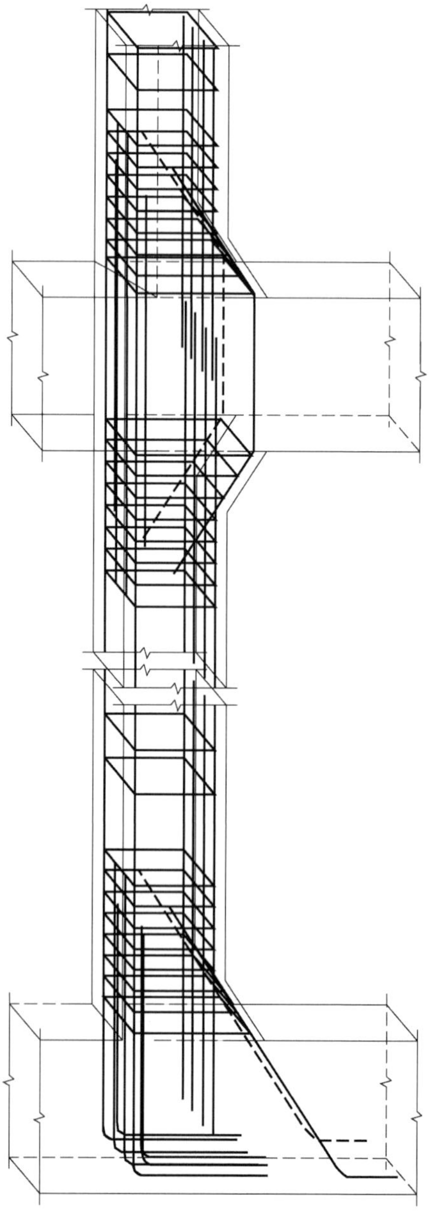

4.2.6 WKL 中间支座纵向钢筋构造

WKL 中间支座纵向钢筋构造，如表 4-9 所示。

表 4-9

WKL 中间支座纵向钢筋构造

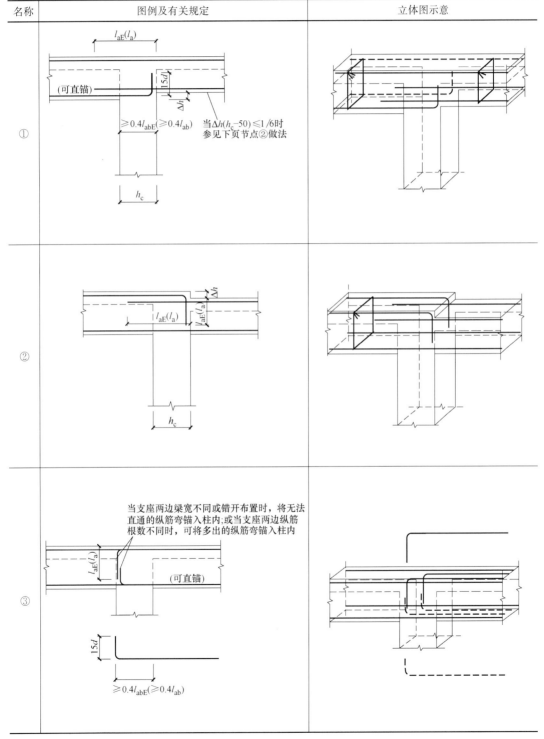

名称	图例及有关规定	立体图示意
①	$l_{aE}(l_a)$ ，（可直锚），$15d$，Δh，$\geq 0.4l_{abE}(\geq 0.4l_{ab})$，当 $\Delta h(h_c-50)\leq 1/6$ 时参见下页节点②做法，h_c	
②	Δh，$l_{aE}(l_a)$，$l_{aE}(l_a)$，h_c	
③	当支座两边梁宽不同或错开布置时，将无法直通的纵筋弯锚入柱内；或当支座两边纵筋根数不同时，可将多出的纵筋弯锚入柱内，$l_{aE}(l_a)$，（可直锚），$15d$，$\geq 0.4l_{abE}(\geq 0.4l_{ab})$	

4.2.7 KL 中间支座纵向钢筋构造

KL 中间支座纵向钢筋构造，如表 4-10 所示。

KL 中间支座纵向钢筋构造 表 4-10

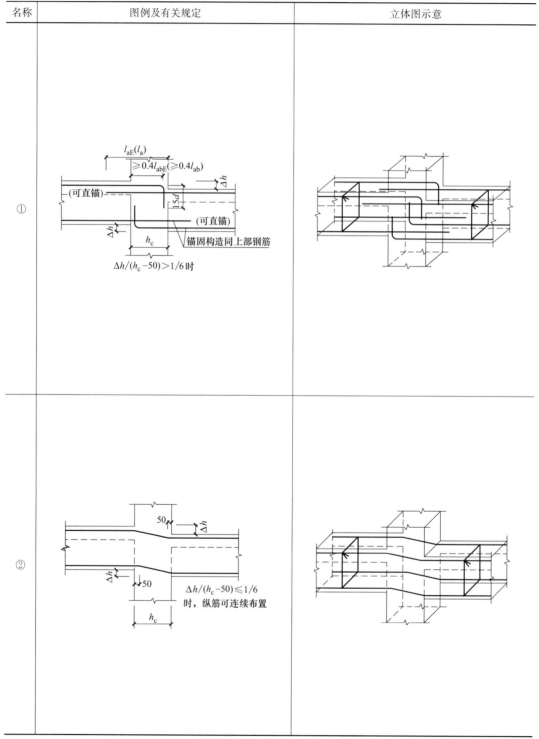

名称	图例及有关规定	立体图示意
①	$l_{aE}(l_a)$ $\geqslant 0.4l_{abE}(\geqslant 0.4l_{ab})$ Δh （可直锚） 15d （可直锚） Δh h_c 锚固构造同上部钢筋 $\Delta h/(h_c-50)>1/6$ 时	
②	50 Δh Δh 50 $\Delta h/(h_c-50)\leqslant 1/6$ 时，纵筋可连续布置 h_c	

4.2.8 非抗震框架梁 KL、WKL 箍筋构造

非抗震框架梁 KL、WKL 箍筋构造，如表 4-11 所示。

非抗震框架梁 KL、WKL 箍筋构造 表 4-11

名称	图例及有关规定	立体图示意
一种箍筋间距	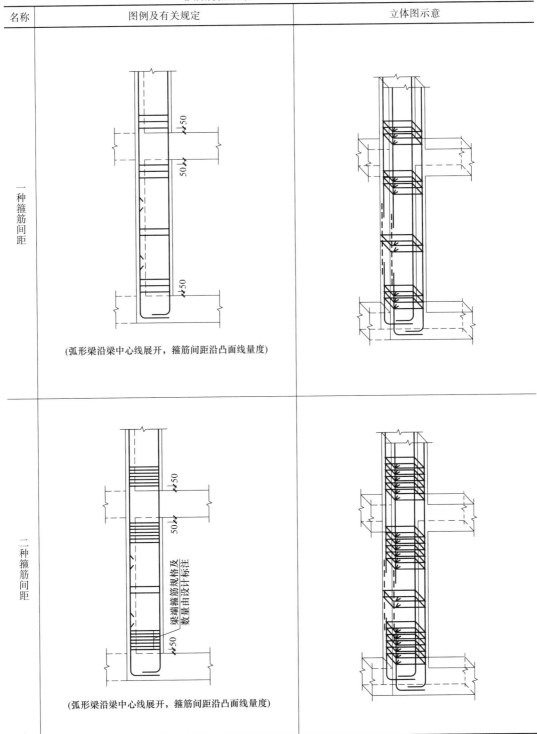(弧形梁沿梁中心线展开，箍筋间距沿凸面线量度)	
二种箍筋间距	(弧形梁沿梁中心线展开，箍筋间距沿凸面线量度)	

4.2.9 抗震框架梁 KL、WKL 箍筋加密区构造

抗震框架梁 KL、WKL 箍筋加密区构造，如表 4-12 所示。

抗震框架梁 KL、WKL 箍筋加密区构造　　　　　　表 4-12

名称	图例及有关规定	立体图示意
抗震框架KL、WKL箍筋加密区范围	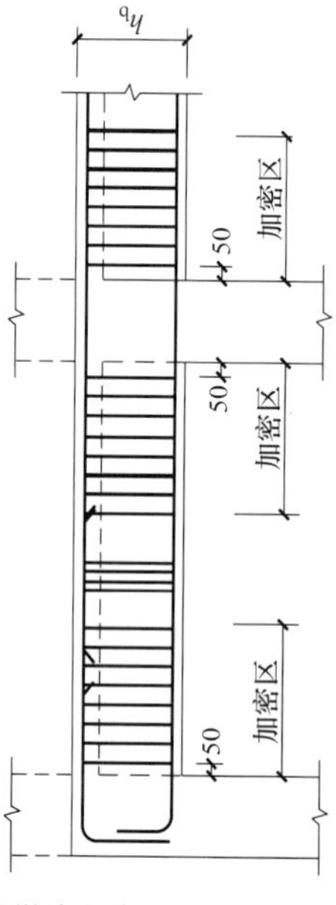 (弧形梁沿梁中心线展开，箍筋间距沿凸面线量度。h_b为梁截面高度) 加密区:抗震等级为一级:≥2.0h_b且≥500 抗震等级为二~四级:≥1.5h_b且≥500	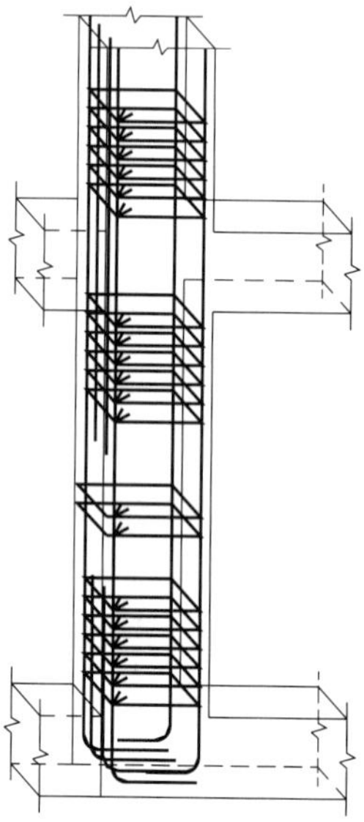
抗震框架梁KL、WKL(尽端为梁)箍筋加密区范围	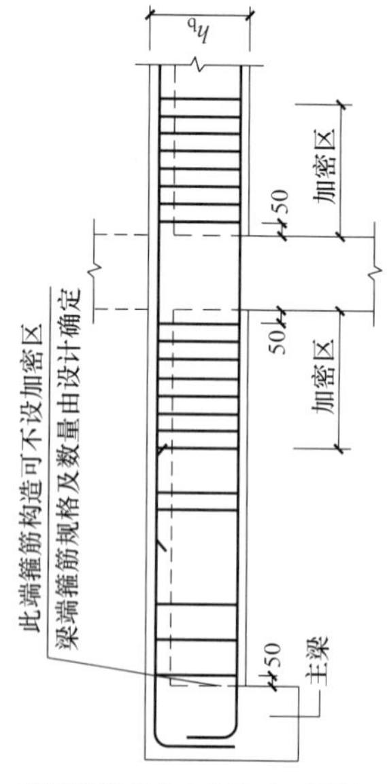 (弧形梁沿梁中心线展开，箍筋间距沿凸面线量度。h_b为梁截面高度) 加密区:抗震等级为一级:≥2.0h_b且≥500 抗震等级为二~四级:≥1.5h_b且≥500	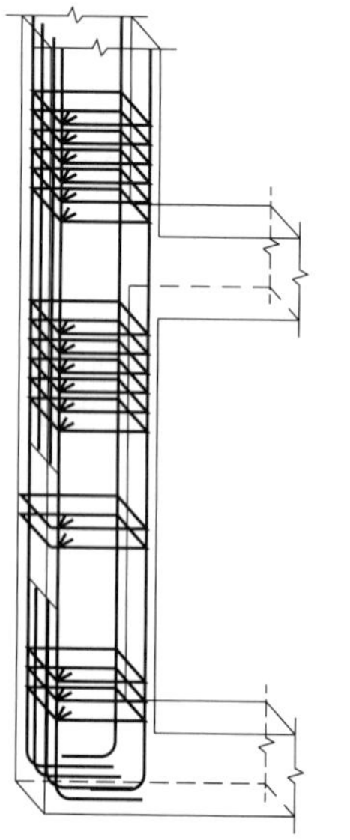

4.2.10 非框架梁 L 配筋构造

非框架梁 L 配筋构造，如表 4-13 所示。

非框架梁 L 配筋构造 表 4-13

名称	非框架梁 L 配筋构造
图例及有关规范	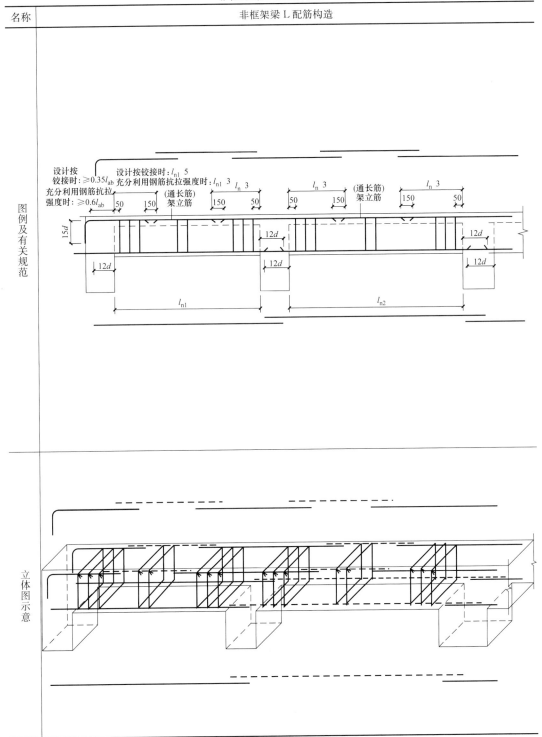
立体图示意	

4.2.11 不伸入支座的梁下部纵向钢筋断点位置

不伸入支座的梁下部纵向钢筋断点位置，如表 4-14 所示。

不伸入支座的梁下部纵向钢筋断点位置 表 4-14

名称	图例及有关规定	立体图示意
不伸入支座的梁下部纵向钢筋断点位置	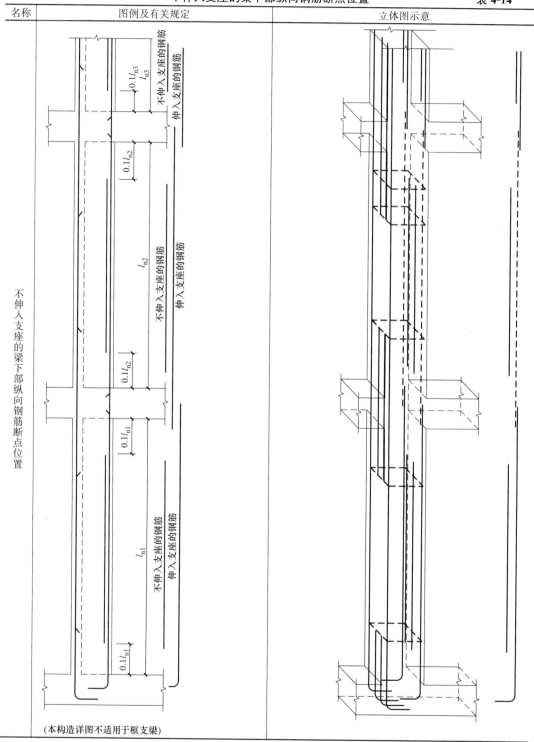 (本构造详图不适用于框支梁)	

4.2.12 非框架梁 L 中间支座纵向钢筋构造

非框架梁 L 中间支座纵向钢筋构造，如表 4-15 所示。

非框架梁 L 中间支座纵向钢筋构造　　　　　　　　　表 4-15

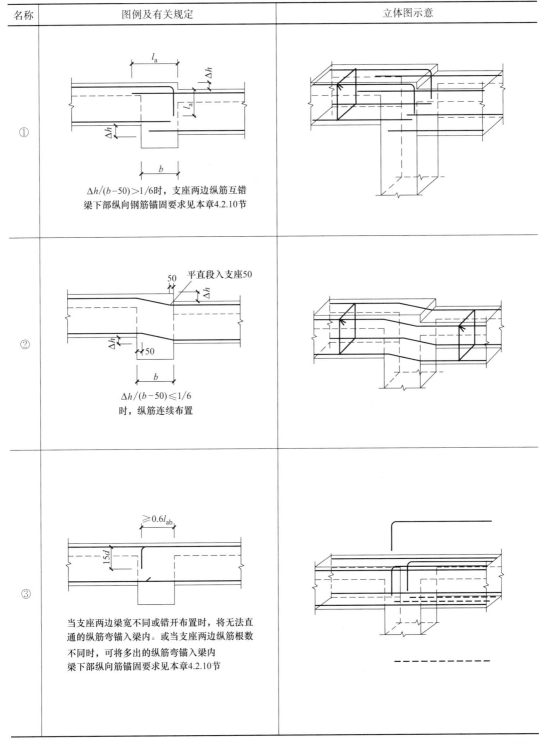

名称	图例及有关规定	立体图示意
①	$\Delta h/(b-50)>1/6$ 时，支座两边纵筋互错　梁下部纵向钢筋锚固要求见本章4.2.10节	
②	$\Delta h/(b-50)\leqslant 1/6$　时，纵筋连续布置	
③	当支座两边梁宽不同或错开布置时，将无法直通的纵筋弯锚入梁内。或当支座两边纵筋根数不同时，可将多出的纵筋弯锚入梁内　梁下部纵向筋锚固要求见本章4.2.10节	

4.2.13 水平折梁、竖向折梁钢筋构造

水平折梁、竖向折梁钢筋构造，如表 4-16 所示。

水平折梁、竖向折梁钢筋构造

表 4-16

名称	图例及有关规定	立体图示意
水平折梁钢筋构造	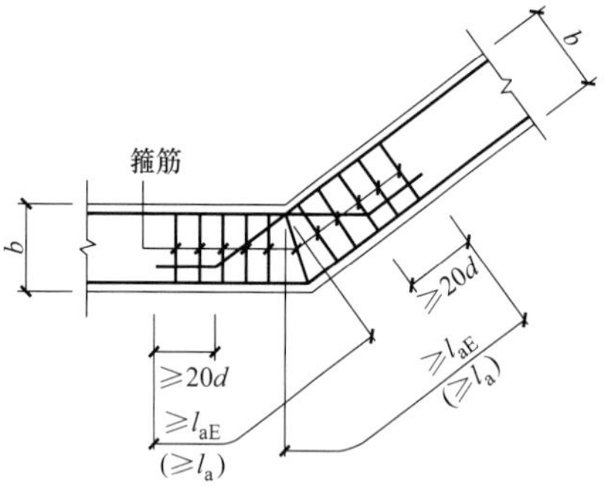 （箍筋具体值由设计指定）	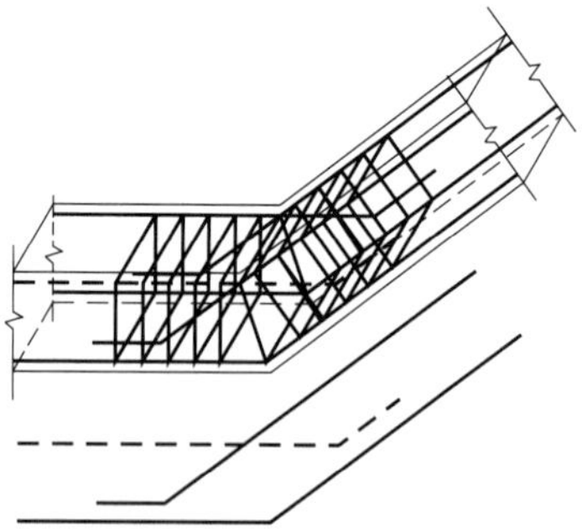
竖向折梁钢筋构造（一）	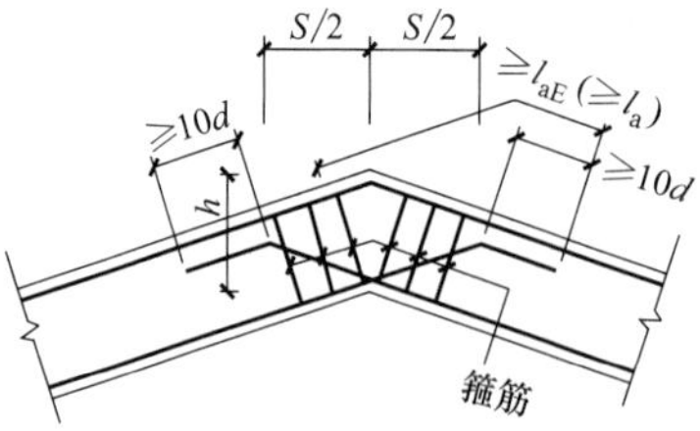 （S的范围及箍筋具体值由设计指定）	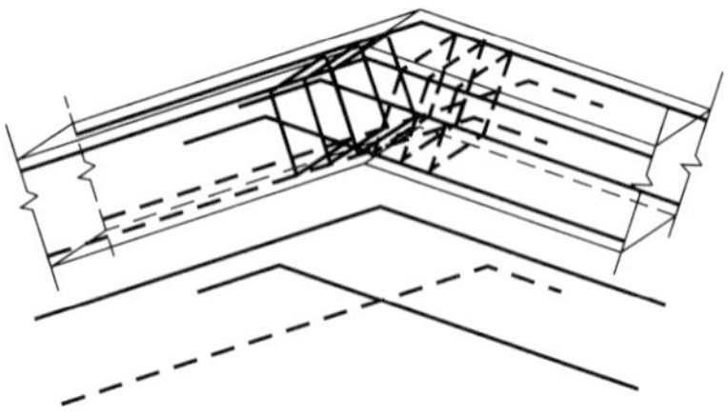
竖向折梁钢筋构造（二）	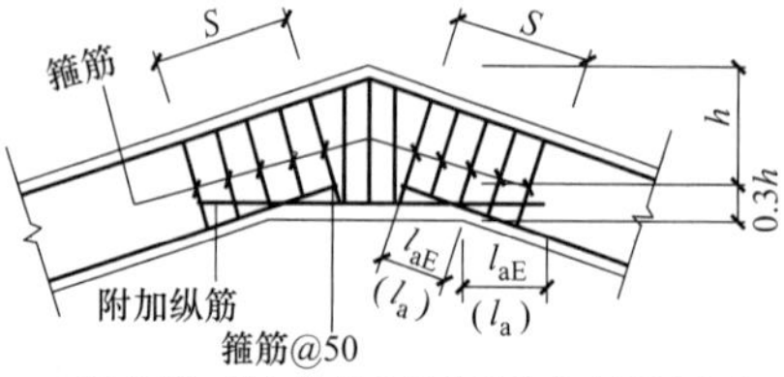 （S的范围、附加纵筋和箍筋具体值由设计指定）	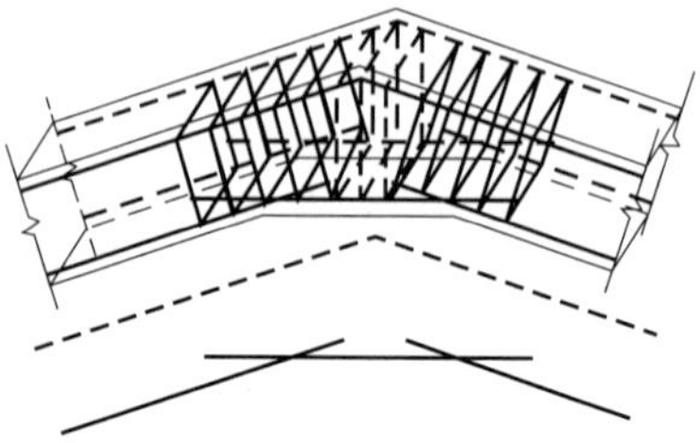

4.2.14 纯悬挑梁 XL 及各类梁的悬挑端配筋构造

纯悬挑梁 XL 及各类梁的悬挑端配筋构造，如表 4-17 所示。

纯悬挑梁 XL 及各类梁的悬挑端配筋构造 表 4-17

名称	图例及有关规定	立体图示意

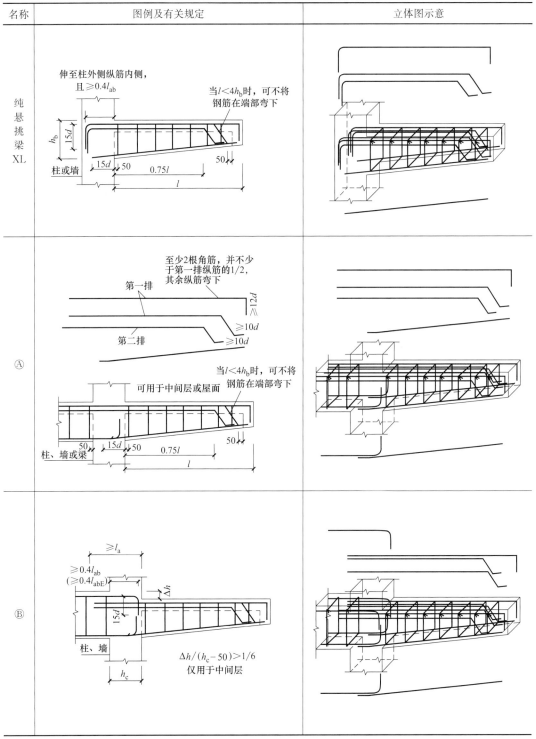

名称	图例及有关规定	立体图示意

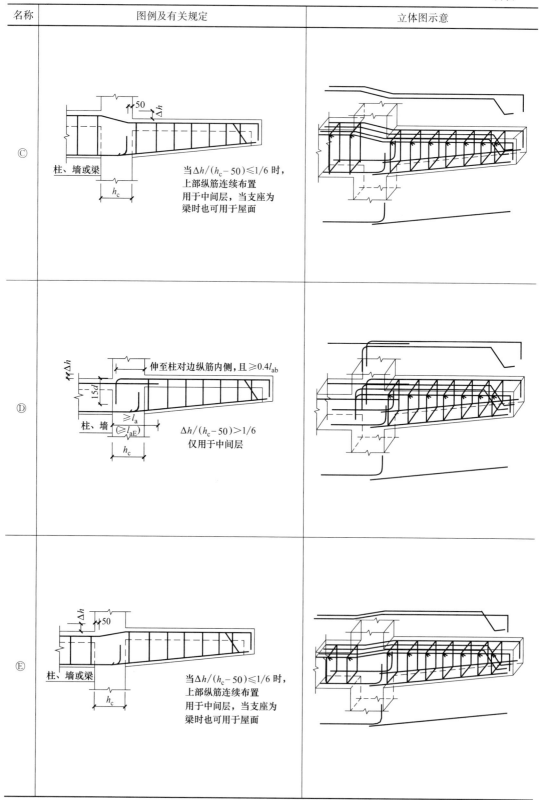

© 柱、墙或梁 h_c

当 $\Delta h/(h_c-50)\leqslant 1/6$ 时，
上部纵筋连续布置
用于中间层，当支座为
梁时也可用于屋面

Ⓓ 柱、墙 $15d$ $\geqslant l_a$ $(\geqslant l_{aE})$ h_c

伸至柱对边纵筋内侧，且 $\geqslant 0.4l_{ab}$

$\Delta h/(h_c-50)>1/6$
仅用于中间层

Ⓔ 柱、墙或梁 h_c

当 $\Delta h/(h_c-50)\leqslant 1/6$ 时，
上部纵筋连续布置
用于中间层，当支座为
梁时也可用于屋面

名称	图例及有关规定	立体图示意
Ⓕ	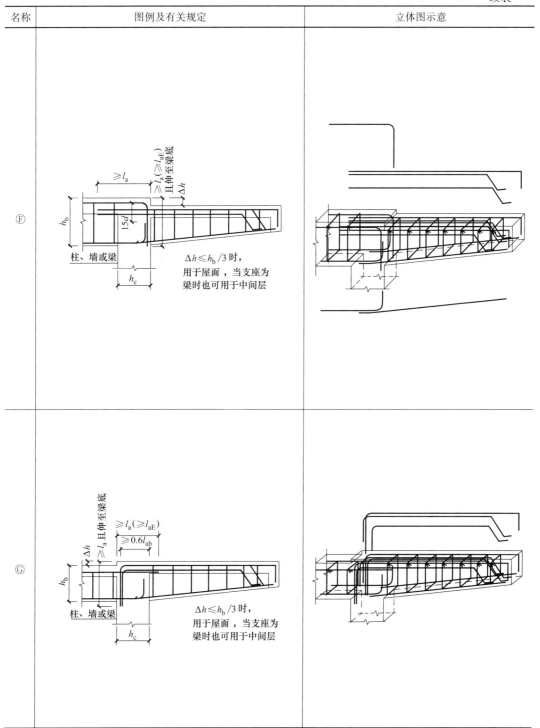 $\Delta h \leqslant h_b/3$ 时，用于屋面，当支座为梁时也可用于中间层	
Ⓖ	$\Delta h \leqslant h_b/3$ 时，用于屋面，当支座为梁时也可用于中间层	

4.2.15 框支梁 KZL 配筋构造

框支梁 KZL 配筋构造，如表 4-18 所示。

框支梁 **KZL** 配筋构造

表 4-18

名称	图例及有关规定	立体图示意

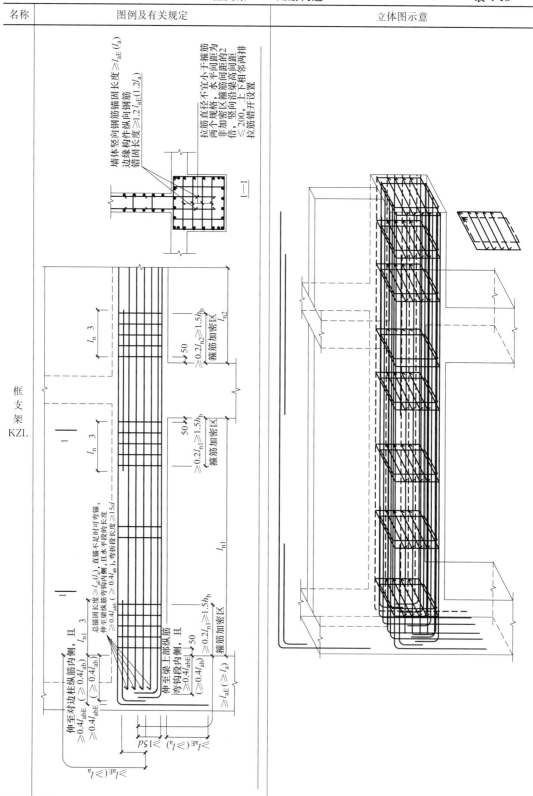

框支架 KZL

114

4.2.16 框支柱 KZZ 配筋构造

框支柱 KZZ 配筋构造，如表 4-19 所示。

框支柱 KZZ 配筋构造 表 4-19

名称	图例及有关规定	立体图示意
框支柱 KZZ		

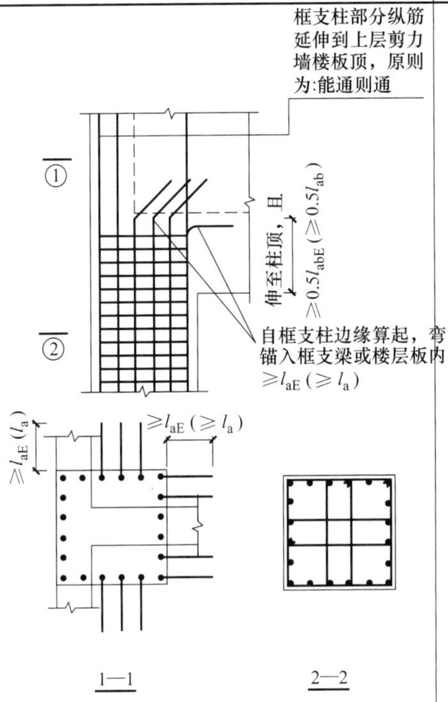

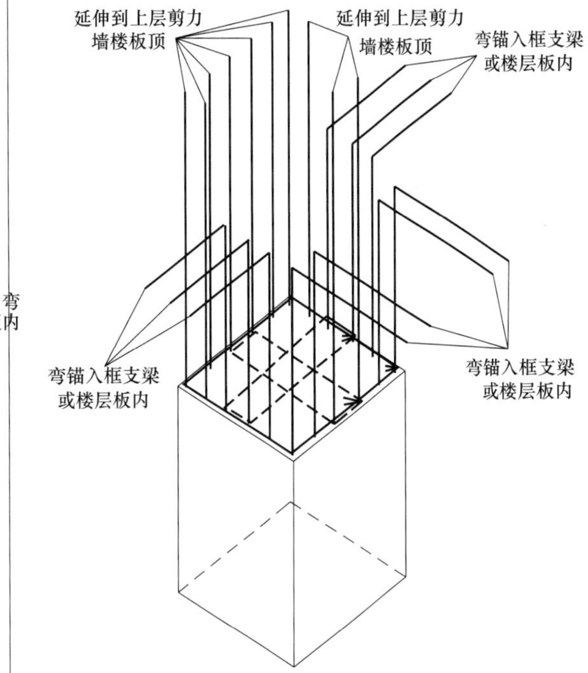

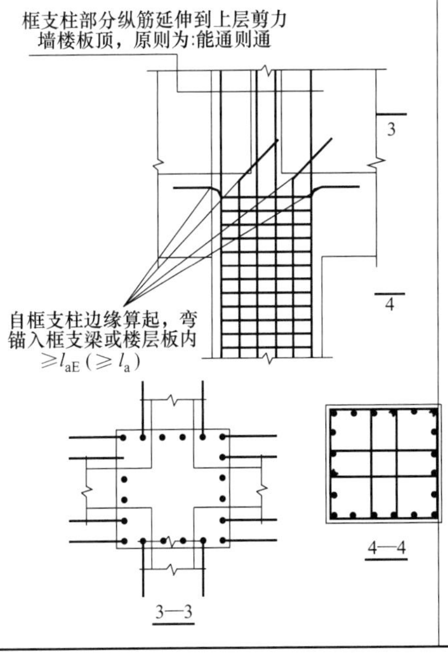

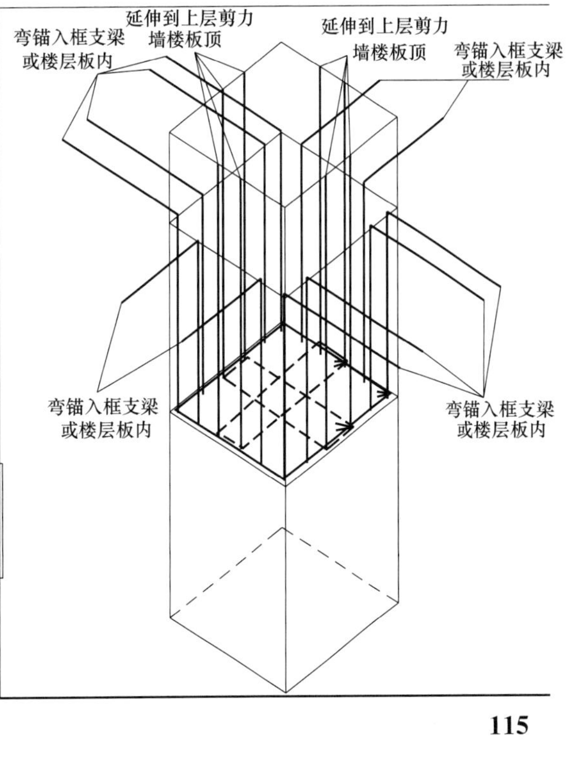

4.2.17 井字梁配筋构造

井字梁配筋构造，如表 4-20 所示。

井字梁配筋构造

表 4-20

名称	图例及有关规定	立体图示意
井字梁JZL2(2)配筋构造	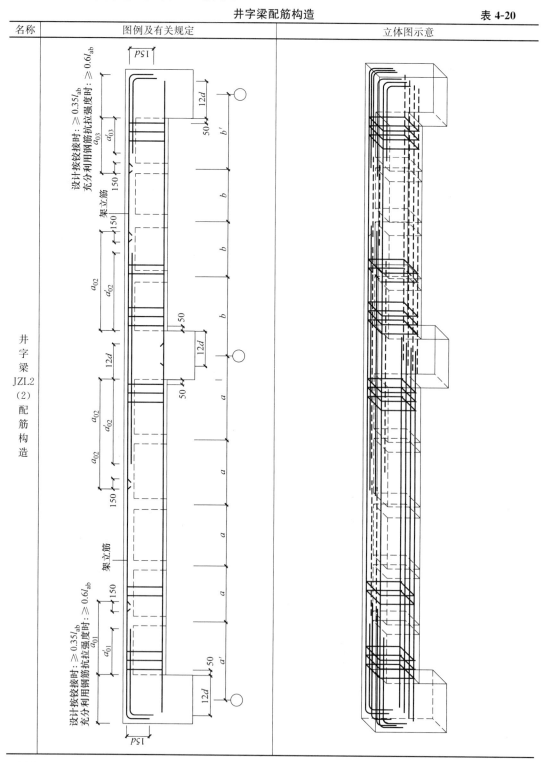	

4.3 梁平法施工图实例导读

某工程梁平法施工图平面注写方式，如图 4-1 所示。

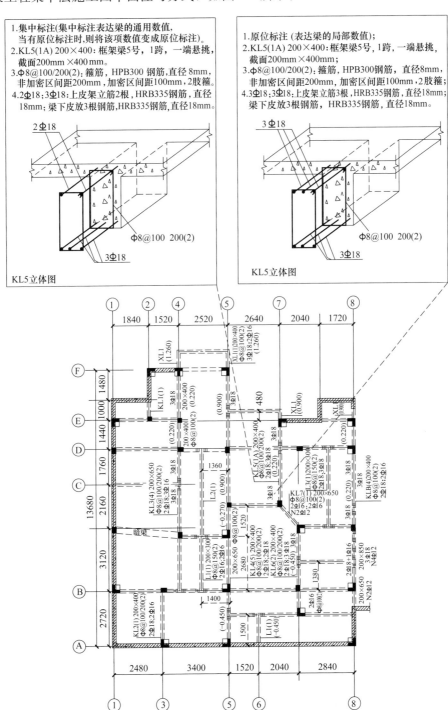

图 4-1 一层梁 Y 向结构平面整体配筋图（部分）

第5章 板平法施工图

5.1 板平法施工图制图规则

5.1.1 有梁楼盖平法施工图制图规则

有梁楼盖平法施工图制图规则，如表5-1所示。

有梁楼盖平法施工图制图规则 表5-1

名称	图例及有关规定	解释
适用范围	有梁楼盖的制图规则适用于以梁为支座的楼面与屋面板平法施工图设计	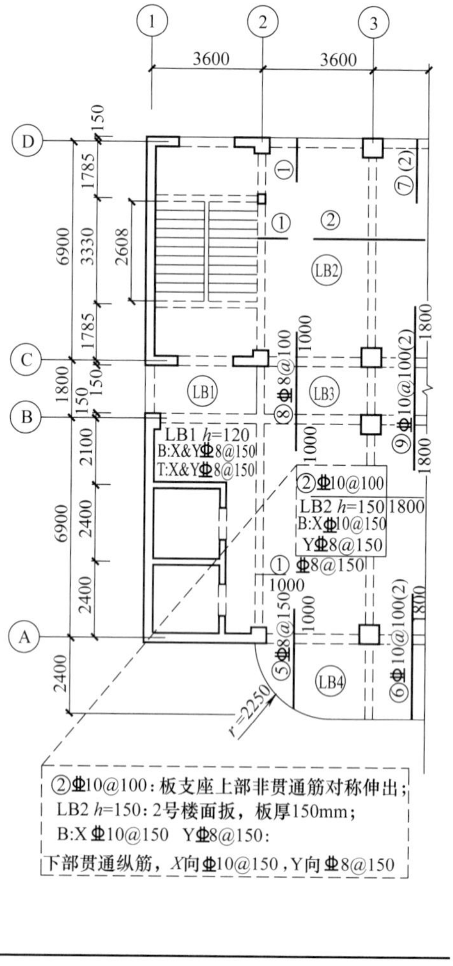
有梁楼盖板平法施工图的表示方法	(1)有梁楼盖板平法施工图，系在楼面板和屋面板布置图上，采用平面注写的表达方式。板平面注写主要包括板块集中标注和板支座原位标注。 (2)为方便设计表达和施工识图，规定结构平面的坐标方向为： 1)当两向轴网正交布置时，图面从左至右为 X 向，从下至上为 Y 向； 2)当轴网转折时，局部坐标方向顺轴网转折角度做相应转折； 3)当轴网向心布置时，切向为 X 向，径向为 Y 向。 此外，对于平面布置比较复杂的区域，如轴网转折交界区域、向心布置的核心区域等，其平面坐标方向应由设计者另行规定并在图上明确表示	
板块集中标注	(1)板块集中标注的内容为：板块编号，板厚，贯通纵筋，以及当板面标高不同时的标高高差。 对于普通楼面，两向均以一跨为一板块；对于密肋楼盖，两向主梁(框架梁)均以一跨为一板块(非主梁密肋不计)。所有板块应逐一编号，相同编号的板块可择其一做集中标注，其他仅注写置于圆圈内的板编号，以及当扳面标高不同时的标高高差。 板块编号按下表规定： 板块编号 {板块编号表} 板厚注写为 $h=\times\times\times$ (为垂直于板面的厚度)；当悬挑板的端部改变截面厚度时，用斜线分隔根部与端部的高度值，注写为 $h=\times\times\times/\times\times\times$；当设计已在图注中统一注明板厚时，此项不注。 贯通纵筋按板块的下部和上部分别注写(当板块上部不设贯通纵筋时则不注)，并以 B 代表下部，以 T 代表上部，B&T 代表下部与上部；X 向贯通纵筋以 X 打头，Y 向贯通纵筋以 Y 打头，两向贯通纵筋配置相同时则以 X&Y 打头。 当为单向板时，分布筋可不必注写，而在图中统一注明	

板块编号

板类型	代号	序号
楼面板	LB	××
屋面板	WB	××
悬挑板	XB	××

② Φ10@100：板支座上部非贯通筋对称伸出；
LB2 h=150：2号楼面扳，板厚150mm；
B:X Φ10@150 Y Φ8@150：
下部贯通纵筋，X向 Φ10@150，Y向 Φ8@150

名称	图例及有关规定	解释
板块集中标注	当在某些板内(例如在悬挑板 XB 的下部)配置有构造钢筋时,则 X 向以 Xc,Y 向以 Yc 打头注写。 当 Y 向采用放射配筋时(切向为 X 向,径向为 Y 向),设计者应注明配筋间距的定位尺寸。 当贯通筋采用两种规格钢筋"隔一布一"方式时,表达为 ϕxx/yy@×××,表示直径为×× 的钢筋和直径为 yy 的钢筋二者之间间距为×××,直径为×× 的钢筋的间距为×××的 2 倍,直径 yy 的钢筋的间距为×××的 2 倍。 板面标高高差,系指相对于结构层楼面标高的高差,应将其注写在括号内,且有高差则注,无高差不注。 〔例〕 有一楼面板块注写为:LB5　$h=110$ 　　　　　　　B：XΦ12@120；YΦ10@110 表示 5 号楼面板,板厚 110mm,板下部配置的贯通纵筋 X 向为Φ12@120,Y 向为Φ10@110；板上部未配置贯通钢筋。 〔例〕 有一楼面板块注写为:LB5　$h=110$ 　　　　　　　B：X Φ10/12 @ 100； 　　　　　　　YΦ10@110 表示 5 号楼面板,板厚 110mm,板下部配置的贯通纵筋 X 向为Φ10、Φ12 隔一布一、Φ10 与Φ12 之间间距为 100mm；Y 向为Φ10@110；板上部未配置贯通纵筋。 〔例〕有一悬挑板注写为:XB2　$h=150/100$ 　　　　　　　B：Xc&YcΦ8@200 表示 2 号悬挑梁,板根部厚 150mm,端部厚 100mm,板下部配置构造钢筋双向均为Φ8@200(上部受力钢筋见板支座原位标注)。 (2)同一编号板块的类型、板厚和贯通纵筋均应相同,但板面标高、跨度、平面形状以及板支座上部非贯通纵筋可以不同,如同一编号板块的平面形状可为矩形、多边形及其他形状等。施工预算时,应根据其实际平面形状,分别计算各块板的混凝土与钢材用量。 设计与施工应注意:单向或双向连续板的中间支座上部同向贯通纵筋,不应在支座位置连接或分别锚固。当相邻两跨的板土部贯通纵筋配置相同,且跨中部位有足够空间连接时,可在两跨任意一跨的跨中连接部位连接；当相邻两跨的上部贯通纵筋配置不同时,应将配置较大者越过其标注的跨数终点或起点伸至相邻跨的跨中连接区域连接。 设计应注意板中间支座两侧上部贯通纵筋的协调配置,施工及预算应按具体设计和相应标准构造要求实施。等跨与不等跨板上部贯通纵筋的连接有特殊要求时,其连接部位及方式应由设计者注明	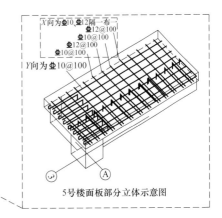 X 向为Φ10 Φ12隔一布 Φ10@100 Φ12@100 Φ10@100 Y 向为Φ10@100 5号楼面板部分立体示意图

名称	图例及有关规定	解释
板支座原位标注	(3)板支座原位标注 1)板支座原位标注的内容为:板支座上部非贯通纵筋和悬挑板上部受力钢筋。 板支座原位标注的钢筋,应在配置相同跨的第一跨表达(当在梁悬挑部位单独配置时则在原位表达)。在配置相同跨的第一跨(或梁悬挑部位),垂直于板支座(梁或墙)绘制一段适宜长度的中粗实线(当该筋通长设置在悬挑板或短跨板上部时,实线段应画至对边或贯通短跨),以该线段代表支座上部非贯通纵筋,并在线段上方注写钢筋编号(如①、②等)、配筋值、横向连续布置的跨数(注写在括号内,且当为一跨时可不注),以及是否横向布置到梁的悬挑端。 [例](××)为横向布置的跨数,(××A)为横向布置的跨数及一端的悬挑梁部位,(××B)为横向布置的跨数及两端的悬挑梁部位。 板支座上部非贯通筋自支座中线向跨内的伸出长度,注写在线段的下方位置。 当中间支座上部非贯通纵筋向支座两侧对称伸出时,可仅在支座一侧线段下方标注伸出长度,另一侧不注,见下图。 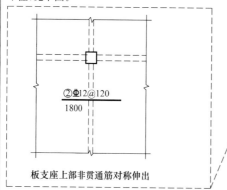 **板支座上部非贯通筋对称伸出** 当向支座两侧非对称伸出时,应分别在支座两侧线段下方注写伸出长度,见下图 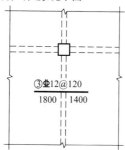 **板支座上部非贯通筋非对称伸出**	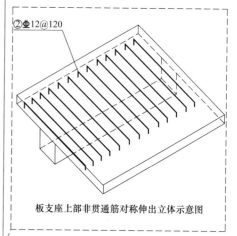 **板支座上部非贯通筋对称伸出立体示意图**

名称	图例及有关规定	解释
板支座原位标注	对线段画至对边贯通全跨或贯通全悬挑长度的上部通长纵筋,贯通全跨或伸出至全悬挑一侧的长度值不注,只注明非贯通筋另一侧的伸出长度值,见下图。 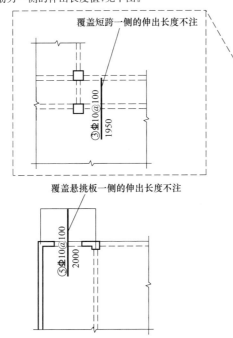 覆盖短跨一侧的伸出长度不注 ③Φ10@100 1950 覆盖悬挑板一侧的伸出长度不注 ⑤Φ10@100 2000 **板支座非贯通筋贯通全跨或伸出至悬挑端** 当板支座为弧形,支座上部非贯通纵筋呈放射状分布时,设计者应注明配筋间距的度量位置并加注"放射分布"四字,必要时应补绘平面配筋图,见下图 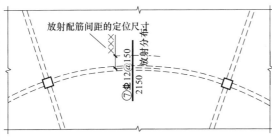 放射配筋间距的定位尺寸 ⑦Φ12@150 放射分布 2150 **弧形支座处放射钢筋**	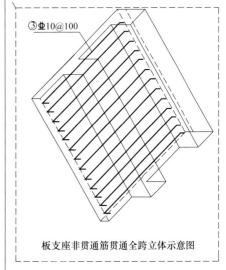 ③Φ10@100 **板支座非贯通筋贯通全跨立体示意图**

名称	图例及有关规定	解释

板支座原位标注

关于悬挑板的注写方式见下图。当悬挑板端部厚度不小于150mm时,设计者应指定板端部封边构造方式,当采用U形钢筋封边时,尚应指定U形钢筋的规格、直径。

此外,悬挑板的悬挑阳角上部放射钢筋的表示方法,详见本章 5.1.3 节。

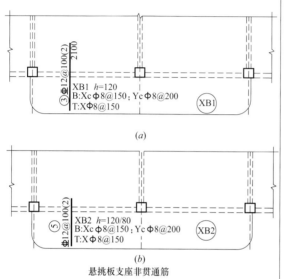

③Φ12@100(2) 2100
XB1 h=120
B:Xcφ8@150;Ycφ8@200
T:Xφ8@150
XB1

(a)

⑤Φ12@100(2)
XB2 h=120/80
B:Xcφ8@150;Ycφ8@200
T:Xφ8@150
XB2

(b)

悬挑板支座非贯通筋

在板平面布置图中,不同部位的板支座上部非贯通纵筋及悬挑板上部受力钢筋,可仅在一个部位注写,对其他相同者则仅需在代表钢筋的线段上注写编号及按本条规则注写横向连续布置的跨数即可。

[例]在板平面布置图某部位,横跨支承梁绘制的对称线段上注有⑦Φ12@100(5A)和1500,表示支座上部⑦号非贯通纵筋为Φ12@100,从该跨起沿支承梁连续布置 5 跨加梁一端的悬挑端,该筋自该支座中线向两侧跨内的伸出长度均为1500mm,在同一板平面布置图的另一部位横跨梁支座绘制的对称线段上注有⑦(2)者,系表示该筋同⑦号纵筋,沿支承梁连续布置 2 跨,且无梁悬挑端布置。

此外,与板支座上部非贯通纵筋垂直且绑扎在一起的构造钢筋或分布钢筋,应由设计者在图中注明。

2)当板的上部已配置有贯通纵筋,但需增配板支座上部非贯通纵筋时,应结合已配置的同向贯通纵筋的直径与间距采取"隔一布一"方式配置

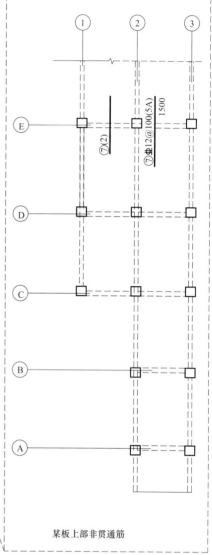

某板上部非贯通筋

名称	图例及有关规定	解释
板支座原位标注	"隔一布一"方式,为非贯通纵筋的标注间距与贯通纵筋相同,两者组合后的实际间距为各自标注间距的1/2。当设定贯通纵筋为纵筋总截面面积的50%时,两种钢筋应取相同直径;当设定贯通纵筋大于或小于总截面面积的50%时,两种钢筋则取不同直径。 〔例〕板上部已配置贯通纵筋Φ12@250,该跨同向配置的上部支座非贯通纵筋为⑤Φ12@250,表示在该支座上部设置的纵筋实际为Φ12@125,其中1/2为贯通纵筋,1/2为⑤号非贯通纵筋(伸出长度值略)。 〔例〕板上部已配置贯通纵筋Φ10@250,该跨配置的上部同向支座非贯通纵筋为③Φ12@250,表示该跨实际设置的上部纵筋为Φ10和Φ12隔一布置,二者之间间距为125mm。 施工应注意:当支座一侧设置了上部贯通纵筋(在板集中标注中以T打头),而在支座另一侧仅设置了上部非贯通纵筋时,如果支座两侧设置的纵筋直径、间距相同,应将二者连通,避免各自在支座上部分别锚固	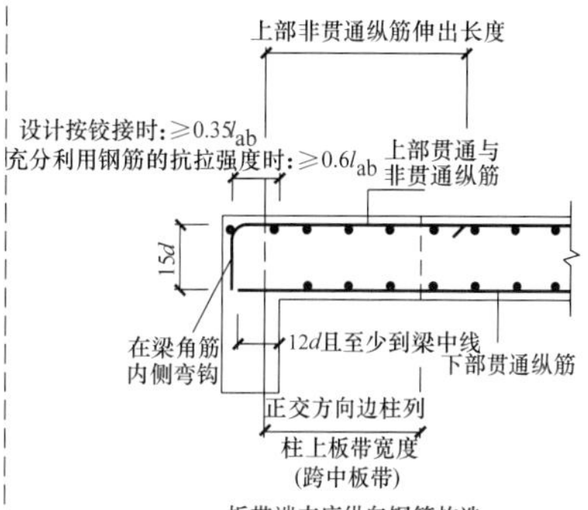 板带端支座纵向钢筋构造 板带端支座纵向钢筋构造立体示意图
其他规则	(1)板上部纵向钢筋在端支座(梁或圈梁)的锚固要求,11G101-1图集标准构造详图中规定:当设计按铰接时,平直段伸至端支座对边后弯折,且平直段长度不小于$0.35l_{ab}$,弯折段长度15d(d为纵向钢筋直径);当充分利用钢筋的抗拉强度时,直段伸至端支座对边后弯折,且平直段长度≥$0.6l_{ab}$,弯折段长度15d。设计者应在平法施工图中注明采用何种构造,当多数采用同种构造时可在图注中写明,并将少数不同之处在图中注明。 (2)板纵向钢筋的连接可采用绑扎搭接、机械连接或焊接,其连接位置详见11G101-1图集中相应的标准构造详图。当板纵向钢筋采用非接触方式的绑扎搭接连接时,其搭接部位的钢筋净距不宜小于30mm,且钢筋中心距不应大于$0.2l_l$及150mm的较小者。 注:非接触搭接使混凝土能够与搭接范围内所有钢筋的全表面充分粘接,可以提高搭接钢筋之间通过混凝土传力的可靠度	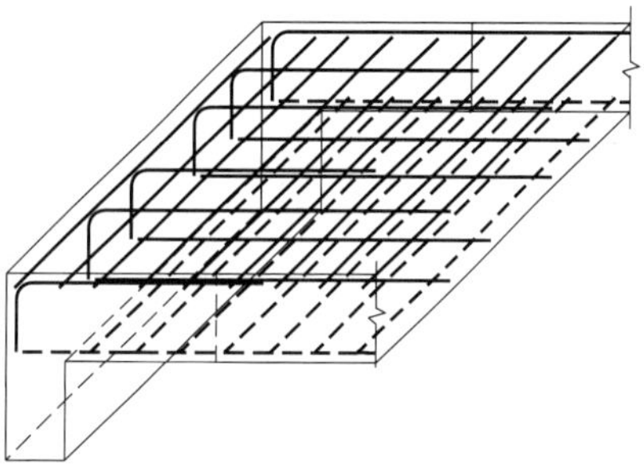

5.1.2 无梁楼盖平法施工图制图规则

无梁楼盖平法施工图制图规则，如表 5-2 所示。

无梁楼盖平法施工图制图规则 表 5-2

名称	图例及有关规定	解 释
无梁楼盖平法施工图的表示方法	(1)无梁楼盖平法施工图,系在楼面板和屋面板布置图上,采用平面注写的表达方式。 (2)板平面注写主要有板带集中标注、板带支座原位标注两部分内容	
板带集中标注	(1)集中标注应在板带贯通纵筋配置相同跨的第一跨(X 向为左端跨,Y 向为下端跨)注写。相同编号的板带可择其一做集中标注,其他仅注写板带编号(注在圆圈内)。 板带集中标注的具体内容为:板带编号,板带厚及板带宽和贯通纵筋。 板带编号按下表规定: 板带编号 {表格} 板带厚注写为 $h=\times\times\times$,板带宽注写为 $b=\times\times\times$。当无梁楼盖整体厚度和板带宽度已在图中注明时,此项可不注。 贯通纵筋按板带下部和板带上部分别注写,并以 B 代表下部,T 代表上部,B&T 代表下部和上部。当采用放射配筋时,设计者应注明配筋间距的度量位置,必要时补绘配筋平面图。 〔例〕设有一板带注写为:ZSB2(5A)　　$h=300$　$b=3000$ 　　　　　　　　　B=Φ16@100；T=Φ18@200 系表示 2 号柱上板带,有 5 跨且一端有悬挑;板带厚 300mm,宽 3000mm;板带配置贯通纵筋下部为Φ16@100,上部为Φ18@200。 设计与施工应注意:相邻等跨板带上部贯通纵筋应在跨中 1/3 净跨长范围内连接;当同向连续板带的上部贯通纵筋配置不同时,应将配置较大者越过其标注的跨数终点或起点伸至相邻跨的跨中连接区域连接。	 无梁楼盖平法施工图示例

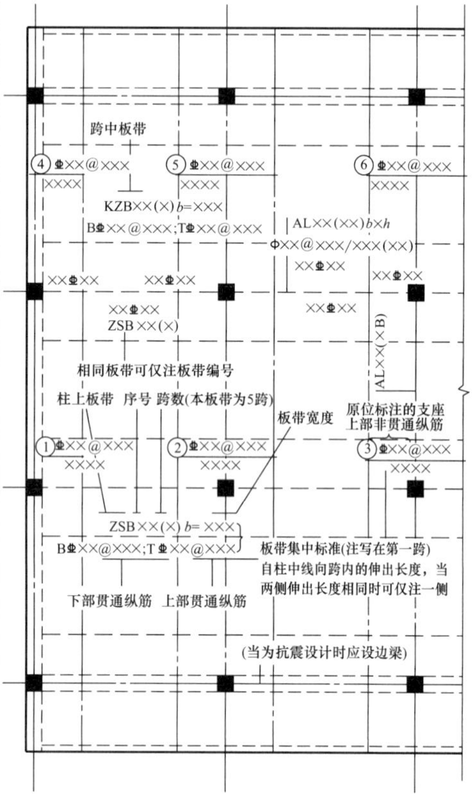

板带编号表:

板带类型	代号	序号	跨数及有无悬挑
柱上板带	ZSB	××	(××)、(××A)或(××B)
跨中板带	KZB	××	(××)、(××A)或(××B)

注：1. 跨数按柱网轴线计算（两相邻柱轴线之间为一跨）。

2.（××A）为一端有悬挑，（××B）为两端有悬挑，悬挑不计入跨数。

124

名称	图例及有关规定	解　释
板带集中标注	设计应注意板带中间支座两侧上部贯通纵筋的协调配置,施工及预算应按具体设计和相应标准构造要求实施。等跨与不等跨板上部贯通纵筋的连接构造要求见相关标准构造详图;当具体工程对板带上部纵向钢筋的连接有特殊要求时,其连接部位及方式应由设计者注明。 　　(2)当局部区域的板面标高与整体不同时,应在无梁楼盖的板平法施工图上注明板面标高高差及分布范围	
板带支座原位标注	(1)板带支座原位标注的具体内容为:板带支座上部非贯通纵筋。 　　以一段与板带同向的中粗实线段代表板带支座上部非贯通纵筋;对柱上板带,实线段贯穿柱上区域绘制;对跨中板带:实线段横贯柱网轴线绘制。在线段上注写钢筋编号(如①、②等)、配筋值及在线段的下方注写自支座中线向两侧跨内的伸出长度。 　　当板带支座非贯通纵筋自支座中线向两侧对称伸出时,其伸出长度可仅在一侧标注;当配置在有悬挑端的边柱上时,该筋伸出到悬挑尽端,设计不注。当支座上部非贯通纵筋呈放射分布时,设计者应注明配筋间距的定位位置。 　　不同部位的板带支座上部非贯通纵筋相同者,可仅在一个部位注写,其余则在代表非贯通纵筋的线段上注写编号。 　　［例］设有一平面布置图的某部位,在横跨板带支座绘制的对称线段上注有⑦Φ18@250,在线段一侧的下方注有1500,系表示支座上部⑦号非贯通纵筋为Φ18@250,自支座中线向两侧跨内的伸出长度均为1500mm。 　　(2)当板带上部已经配有贯通纵筋,但需增加配置板带支座上部非贯通纵筋时,应结合已配同向贯通纵筋的直径与间距,采取"隔一布一"的方式配置。 　　［例］设有一板带上部已配置贯通纵筋Φ18@240,板带支座上部非贯通纵筋为⑤Φ18@240,则板带在该位置实际配置的上部纵筋为Φ18@120,其中1/2为贯通纵筋,1/2为⑤号非贯通纵筋(伸出长度略)。 　　［例］设有一板带上部已配置贯通纵筋Φ18@240,板带支座上部非贯通纵筋为③Φ20@240,则板带在该位置实际配置的上部纵筋为Φ18和Φ20间隔布置,二者之间间距为120mm(伸出长度略)	 柱上板带ZSB纵向钢筋构造立体示意图

名称	图例及有关规定	解　释
暗梁的表示方法	（1）暗梁平面注写包括暗梁集中标注、暗梁支座原位标注两部分内容。施工图中在柱轴线处画中粗虚线表示暗梁。 （2）暗梁集中标注包括暗梁编号、暗梁截面尺寸（箍筋外皮宽度×板厚）、暗梁箍筋、暗梁上部通长筋或架立筋四部分内容。暗梁编号按下表规定，其他注写方式同梁集中标注。 暗梁编号 <table><tr><th>构件类型</th><th>代号</th><th>序号</th><th>跨数及有无悬挑</th></tr><tr><td>暗梁</td><td>AL</td><td>××</td><td>（××）、（××A）或（××B）</td></tr></table> 注 1. 跨数按柱网轴线计算（两相邻柱轴线之间为一跨）。 　2.（××A）为一端有悬挑，（××B）为两端有悬挑，悬挑不计入跨数。 （3）暗梁支座原位标注包括梁支座上部纵筋、梁下部纵筋。当在暗梁上集中标注的内容不适用于某跨或某悬挑端时，则将其不同数值标注在该跨或该悬挑端，施工时按原位注写取值。注写方式同梁原位标注。 （4）当设置暗梁时，柱上板带及跨中板带标注方式与本规则板带集中标注、板带支座原位标注一致。柱上板带标注的配筋仅设置在暗梁之外的柱上板带范围内。 （5）暗梁中纵向钢筋连接、锚固及支座上部纵筋的伸出长度等要求同轴线处柱上板带中纵向钢筋	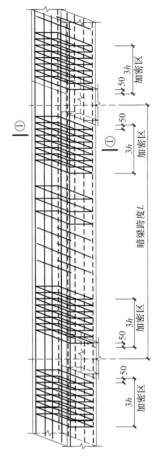 **柱上板带暗梁钢筋构造立体示意图**
其他规则	（1）无梁楼盖跨中板带上部纵向钢筋在端支座的锚固要求，11G101-1图集标准构造详图中规定：当设计按铰接时，平直段伸至端支座对边后弯折，且平直段长度不小于$0.35l_{ab}$，弯折段长度15d（d为纵向钢筋直径）；当充分利用钢筋的抗拉强度时，直段伸至端支座对边后弯折，且平直段长度不小于$0.6l_{ab}$，弯折段长度15d。设计者应在平法施工图中注明采用何种构造，当多数采用同种构造时可在图注中写明，并将少数不同之处在图中注明。 （2）板纵向钢筋的连接可采用绑扎搭接、机械连接或焊接，其连接位置详见11G101-1图集中相应的标准构造详图。当板纵向钢筋采用非接触方式的绑扎搭接连接时，其搭接部位的钢筋净距不宜小于30mm，且钢筋中心距不应大于0.2l及150mm的较小者。 注：非接触搭接使混凝土能够与搭接范围内所有钢筋的全表面充分粘接，可以提高搭接钢筋之间通过混凝土传力的可靠度。 （3）本节关于无梁楼盖的板平法制图规则，同样适用于地下室内无梁楼盖的平法施工图设计	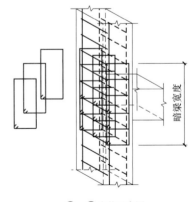 ①—①立体示意图 （暗梁配筋详见设计）

5.1.3 楼板相关构造制图规则

楼板相关构造制图规则，如表 5-3 所示。

楼板相关构造制图规则
表 5-3

名称	图例及有关规定	解 释
楼板相关构造类型与表示方法	(1)楼板相关构造的平法施工图设计，系在板平法施工图上采用直接引注方式表达。 (2)楼板相关构造编号按下表规定： <div align="center">楼板相关构造类型与编号</div> 见下表	 <div align="center">板内纵筋加强带JQD构造立体示意图 （无暗梁时）</div>

楼板相关构造类型与编号

构造类型	代号	序号	说　明
纵筋加强带	JQD	××	以单向加强纵筋取代原位置配筋
后浇带	HJD	××	有不同的留筋方式
柱帽	ZMx	××	适用于无梁楼盖
局部升降板	SJB	××	板厚及配筋与所在板相同，构造升降高度不大于300mm
板加腋	JY	××	腋高与腋宽可选注
板开洞	BD	××	最大边长或直径小于1m，加强筋长度有全跨贯通和自洞边锚固两种
板翻边	FB	××	翻边高度不大于300mm
角部加强筋	Crs	××	以上部双向非贯通加强钢筋取代原位置的非贯通配筋
悬挑板阳角放射筋	Ces	××	板悬挑阳角上部放射筋
抗冲切箍筋	Rh	××	通常用于无柱帽无梁楼盖的柱顶
抗冲切弯起筋	Rb	××	通常用于无柱帽无梁楼盖的柱顶

名称	图例及有关规定
楼板相关构造直接引注	（1）纵筋加强带 JQD 的引注。纵筋加强带的平面形状及定位由平面布置图表达，加强带内配置的加强贯通纵筋等由引注内容表达。 纵筋加强带设单向加强贯通纵筋，取代其所在位置板中原配置的同向贯通纵筋。根据受力需要，加强贯通纵筋可在板下部配置，也可在板下部和上部均设置。纵筋加强带的引注见下图 <div align="center">纵筋加强带JQD引注图示</div>

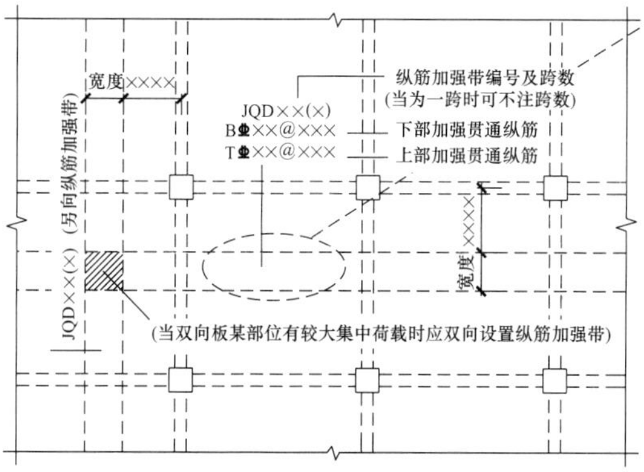

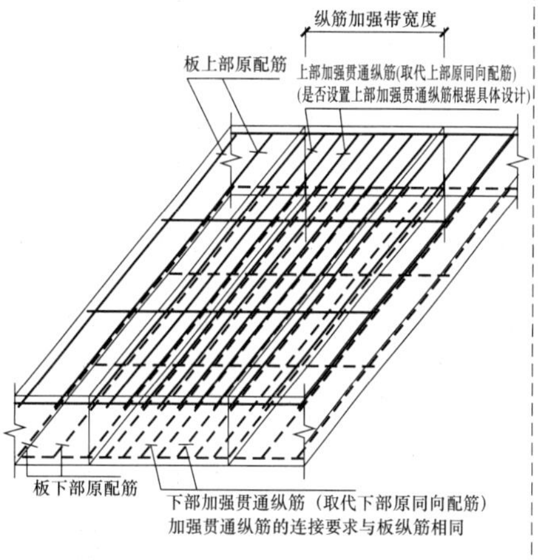

127

名称	图例及有关规定	解　释

<table>
<tr><td rowspan="2" style="writing-mode: vertical">楼板相关构造直接引注</td><td>

当板下部和上部均设置加强贯通纵筋,而板带上部横向无配筋时,加强带上部横向配筋应由设计者注明。

当将纵筋加强带设置为暗梁形式时应注写箍筋,其引注见下图。

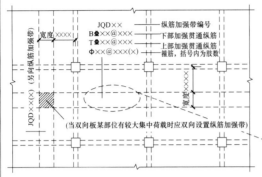

纵筋加强带JQD引注图示(暗梁形式)

(2)后浇带 HJD 的引注。后浇带的平面形状及定位由平面布置图表达,后浇带留筋方式等由引注内容表达,包括:

1)后浇带编号及留筋方式代号。11G101-1 图集提供了两种留筋方式,分别为:贯通留筋(代号 GT),100％搭接留筋(代号 100％)。

2)后浇混凝土的强度等级 Cxx。宜采用补偿收缩混凝土,设计者应注明相关施工要求。

3)当后浇带区域留筋方式或后浇混凝土强度等级不一致时,设计者应在图中注明与图示不一致的部位及做法。

后浇带引注见下图。

后浇带HJD引注图示

贯通留筋的后浇带宽度通常取不小于 800mm;100％搭接留筋的后浇带宽度通常取 800mm 与 (l_l+60mm) 的较大值(l_l 为受拉钢筋的搭接长度)

</td><td>

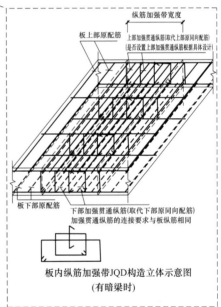

板内纵筋加强带JQD构造立体示意图
(有暗梁时)

</td></tr>
</table>

名称	图例及有关规定	解　释

楼板相关构造直接引注

（3）柱帽 ZMx 的引注见下图(共 4 种)。柱帽的平面形状有矩形、圆形或多边形等,其平面形状由平面布置图表达

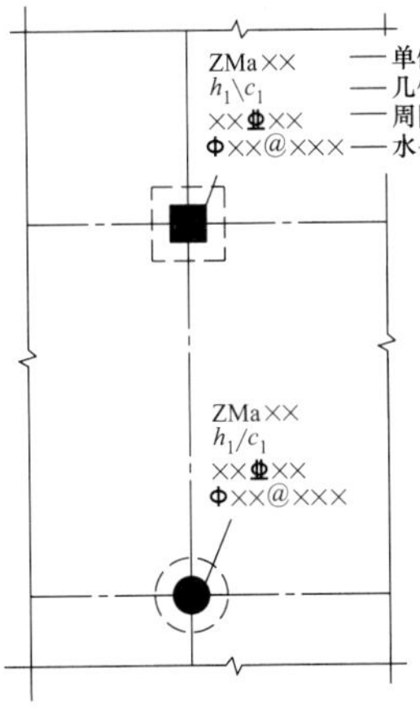

ZMa×× —— 单倾角柱帽编号
$h_1\backslash c_1$ —— 几何尺寸（见右图示）
×× Φ ×× —— 周围斜竖向纵筋
Φ ××@××× —— 水平箍筋

ZMa××
h_1/c_1
×× Φ ××
Φ ××@×××

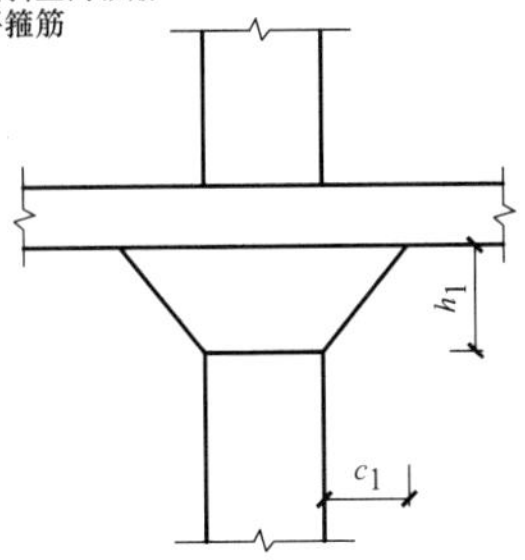

单倾角柱帽的立面形状

单倾角柱帽ZMa引注图示

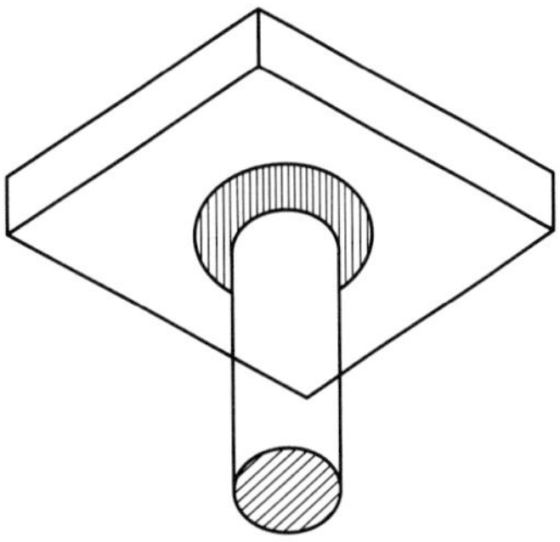

单倾角柱帽立体示意图

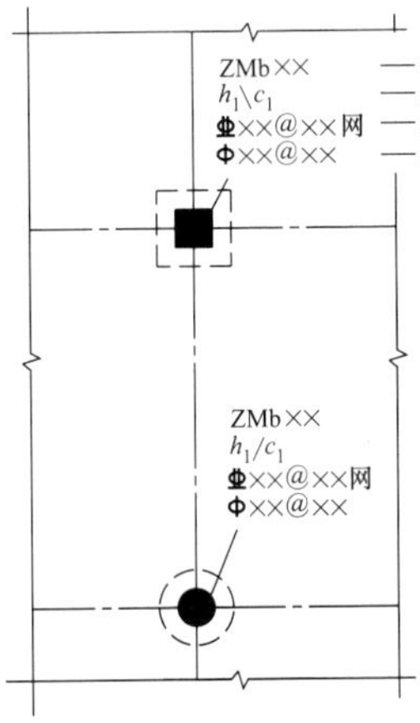

ZMb×× —— 托板柱帽编号
h_1/c_1 —— 几何尺寸（见右图示）
Φ ××@××网 —— 托板下部双向钢筋网
Φ ××@×× —— 水平箍筋(非必配)

ZMb××
h_1/c_1
Φ ××@××网
Φ ××@××

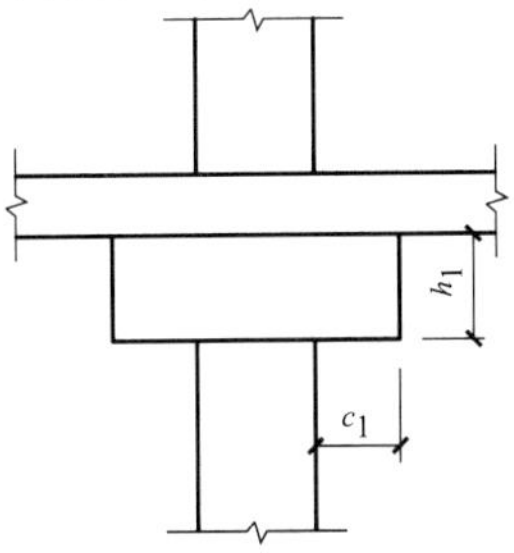

托板柱帽的立面形状

托板柱帽ZMb引注图示

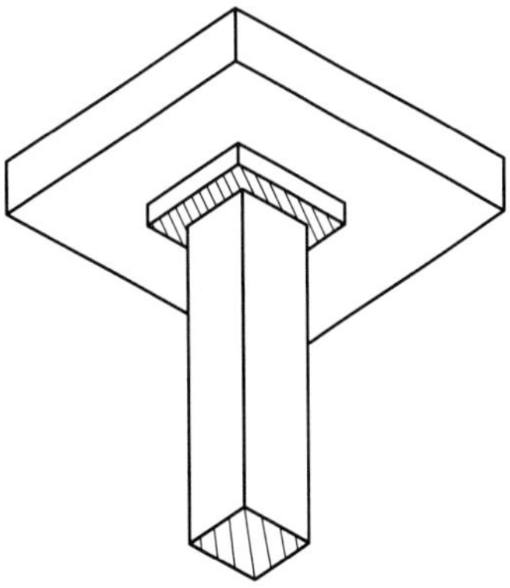

托板柱帽立体示意图

129

名称	图例及有关规定	解 释

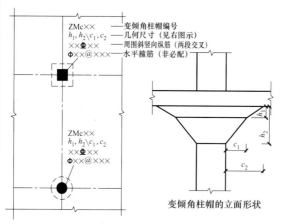

ZMc×× —— 变倾角柱帽编号
$h_1, h_2 \backslash c_1, c_2$ —— 几何尺寸（见右图示）
××○× —— 周围斜竖向纵筋（两段交叉）
Φ××@××× —— 水平箍筋（非必配）

ZMc××
$h_1, h_2 \backslash c_1, c_2$
××○×
Φ××@×××

变倾角柱帽的立面形状

变倾角柱帽ZMc引注图示

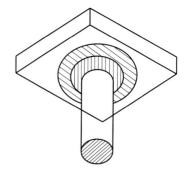

变倾角柱帽立体示意图

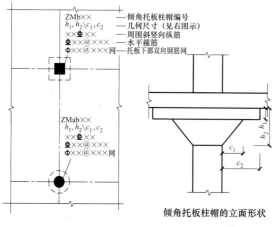

ZMb×× —— 倾角托板柱帽编号
$h_1, h_2 \backslash c_1, c_2$ —— 几何尺寸（见右图示）
××○×× —— 周围斜竖向纵筋
○××@××× —— 水平箍筋
Φ××@×××网 —— 托板下部双向钢筋网

ZMab××
$h_1, h_2 \backslash c_1, c_2$
××○××
○××@×××
Φ××@×××网

倾角托板柱帽的立面形状

倾角托板柱帽ZMab引注图示

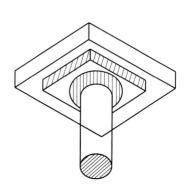

倾角托板柱帽立体示意图

柱帽的立面形状有单倾角柱帽 ZMa、托板柱帽 ZMb、变倾角柱帽 ZMc 和倾角托板柱帽 ZMab 等，其立面几何尺寸和配筋由具体的引注内容表达。图中 c_1、c_2 当 X、Y 方向不一致时，应标注(c_{1x}, c_{1y})、(c_{2x}, c_{2y})

楼板相关构造直接引注

名称	图例及有关规定	解　释
楼板相关构造直接引注	（4）局部升降板SJB的引注见下图。局部升降板的平面形状及定位由平面布置图表达，其他内容由引注内容表达。 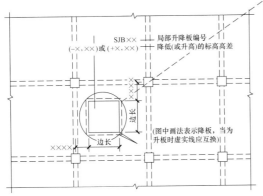 局部升降板SJB引注图示 局部升降板的板厚、壁厚和配筋，在标准构造详图中取与所在板块的板厚和配筋相同，设计不注；当采用不同板厚、壁厚和配筋时，设计应补充绘制截面配筋图。 局部升降板升高与降低的高度，在标准构造详图中限定为不大于300mm，当高度大于300mm时，设计应补充绘制截面配筋图。 设计应注意：局部升降板的下部与上部配筋均应设计为双向贯通纵筋。 （5）板加腋JY的引注见下图。板加腋的位置与范围由平面布置图表达，腋宽、腋高及配筋等由引注内容表达。 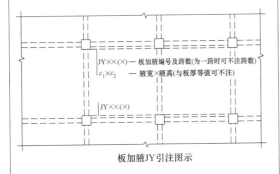 板加腋JY引注图示 当为板底加腋时腋线应为虚线，当为板面加腋时腋线应为实线；当腋宽与腋高同板厚时，设计不注。加腋配筋按标准构造，设计不注；当加腋配筋与标准构造不同时，设计应补充绘制截面配筋图	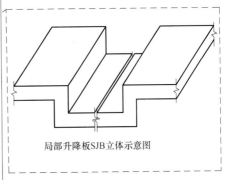 局部升降板SJB立体示意图 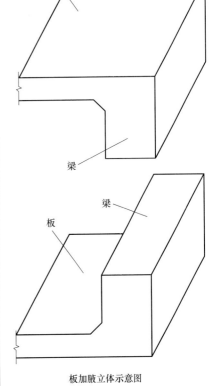 板加腋立体示意图

131

续表

名称	图例及有关规定	解　　释

楼板相关构造直接引注

(6)板开洞BD的引注见下图。板开洞的平面形状及定位由平面布置图表达，洞的几何尺寸等由引注内容表达。

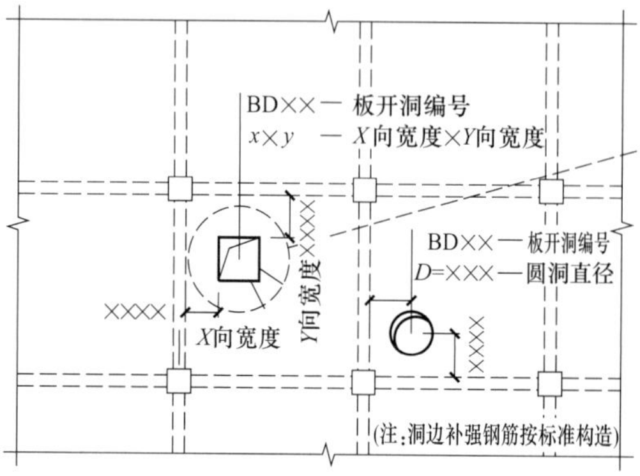

BD××— 板开洞编号
x×y — X向宽度×Y向宽度
××××
X向宽度
Y向宽度××××
BD××— 板开洞编号
D=×××— 圆洞直径
××××
(注:洞边补强钢筋按标准构造)

板开洞BD引注图示

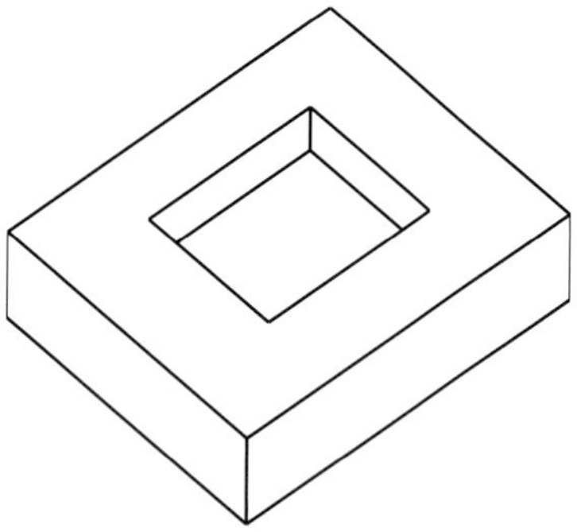

板开洞立体示意图

当矩形洞口边长或圆形洞口直径不大于1000mm，且当洞边无集中荷载作用时，洞边补强钢筋可按标准构造的规定设置，设计不注；当洞口周边加强钢筋不伸至支座时，应在图中画出所有加强钢筋，并标注不伸至支座的钢筋长度。当具体工程所需要的补强钢筋与标准构造不同时，设计应加以注明。

当矩形洞口边长或圆形洞口直径大于1000mm，或虽不大于1000mm但洞边有集中荷载作用时，设计应根据具体情况采取相应的处理措施。

(7)板翻边FB的引注见下图。板翻边可为上翻也可为下翻，翻边尺寸等在引注内容中表达，翻边高度在标准构造详图中为不大于300mm。当翻边高度大于300mm时，由设计者自行处理

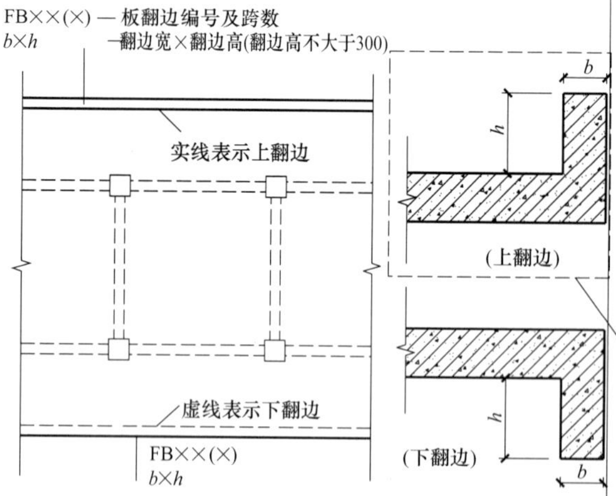

FB××(×) — 板翻边编号及跨数
b×h —翻边宽×翻边高(翻边高不大于300)
实线表示上翻边
虚线表示下翻边
FB××(×)
b×h
b
h
(上翻边)
h
b
(下翻边)

板翻边FB引注图示

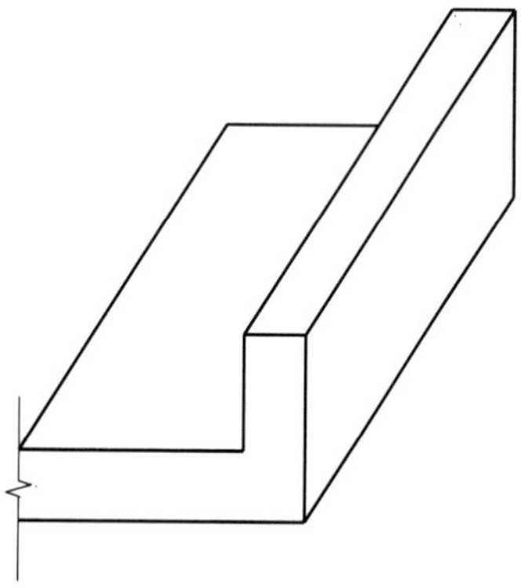

板翻边(上翻边)立体示意图

名称	图例及有关规定	解　释
楼板相关构造直接引注	（8）角部加强筋 Crs 的引注见下图。角部加强筋通常用于板块角区的上部,根据规范规定的受力要求选择配置。角部加强筋将在其分布范围内取代原配置的板支座上部非贯通纵筋,且当其分布范围内配有板上部贯通纵筋时则间隔布置。 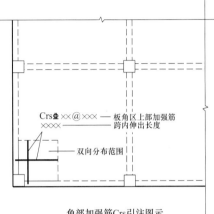 **角部加强筋Crs引注图示** （9）悬挑板阳角附加筋 Ces 的引注见下图 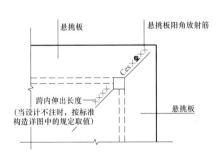 **悬挑板阳角附加筋Ces引注图示（一）** 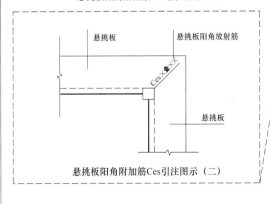 **悬挑板阳角附加筋Ces引注图示（二）**	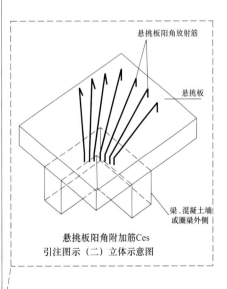 **悬挑板阳角附加筋Ces 引注图示（二）立体示意图**

133

名称	楼板相关构造直接引注
图例及有关规定	(10)抗冲切箍筋 Rh 的引注见下图。抗冲切箍筋通常在无柱帽无梁楼盖的柱顶部位设置 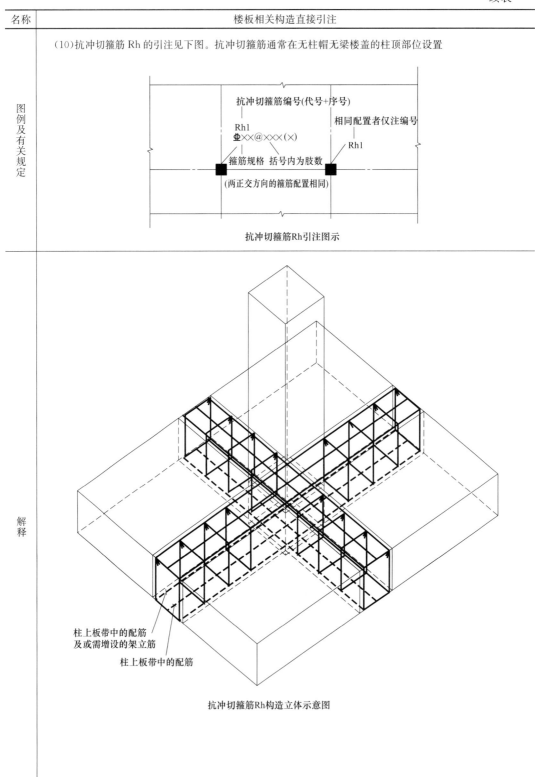 抗冲切箍筋Rh引注图示
解释	抗冲切箍筋Rh构造立体示意图

名称	楼板相关构造直接引注
图例及有关规定	(11)抗冲切弯起筋 Rb 的引注见下图。抗冲切弯起筋通常在无柱帽无梁楼盖的柱顶部位设置 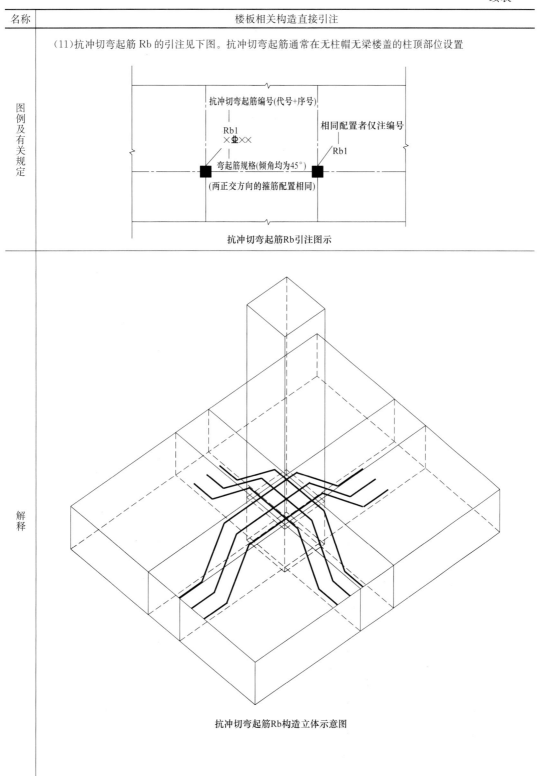 抗冲切弯起筋Rb引注图示
解释	抗冲切弯起筋Rb构造立体示意图

5.2 板标准构造详图

5.2.1 有梁楼盖楼（屋）面板配筋构造

有梁楼盖楼（屋）面板配筋构造，如表 5-4 所示。

有梁楼盖楼（屋）面板配筋构造   表 5-4

名称	图例及有关规定	立体图示意

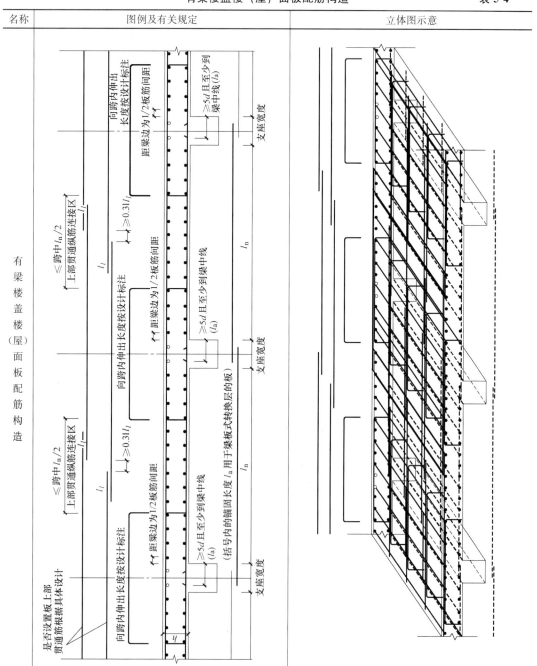

5.2.2 有梁楼盖板在端部支座的锚固构造

有梁楼盖板在端部支座的锚固构造，如表 5-5 所示。

有梁楼盖板在端部支座的锚固构造   表 5-5

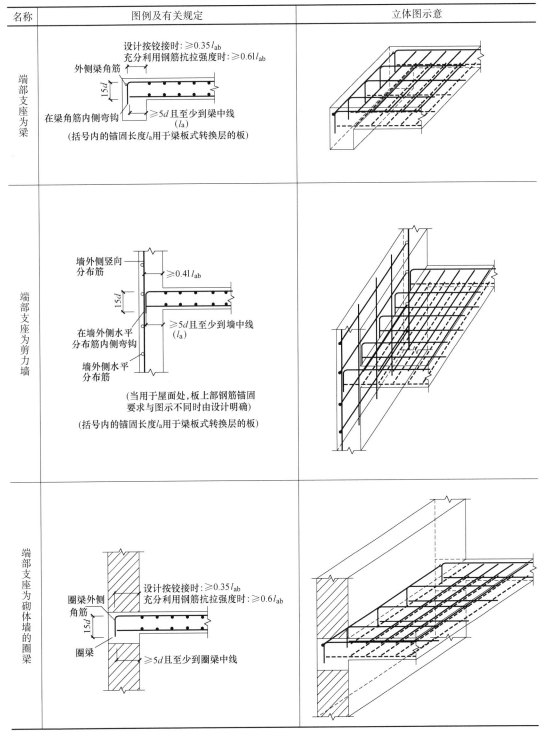

名称	图例及有关规定	立体图示意

5.2.3 有梁楼盖不等跨板上部贯通纵筋连接构造

有梁楼盖不等跨板上部贯通纵筋连接构造，如表 5-6 所示。

表 5-6

有梁楼盖不等跨板上部贯通纵筋连接构造

名称	图例及有关规定	立体图示意
有梁楼盖不等跨板上部贯通纵筋连接构造（一）	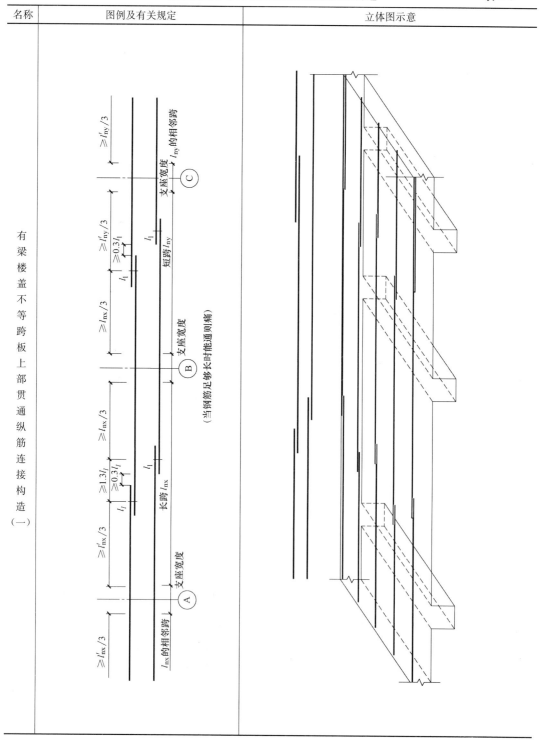	

名称	图例及有关规定	立体图示意

有梁楼盖不等跨板上部贯通纵筋连接构造（二）

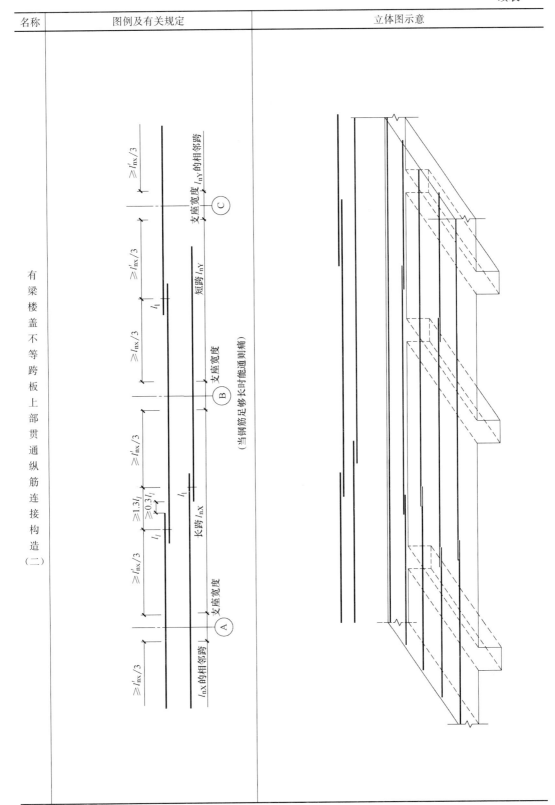

5.2.4 单（双）向板配筋示意

单（双）向板配筋示意，如表 5-7 所示。

单（双）向板配筋示意 　　　　　　　　　　　　　　　　表 5-7

名称	分离式配筋
图例及有关规定	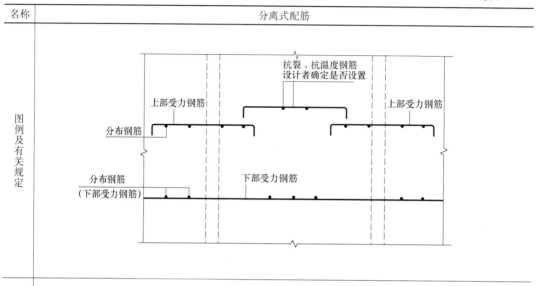
立体图示意	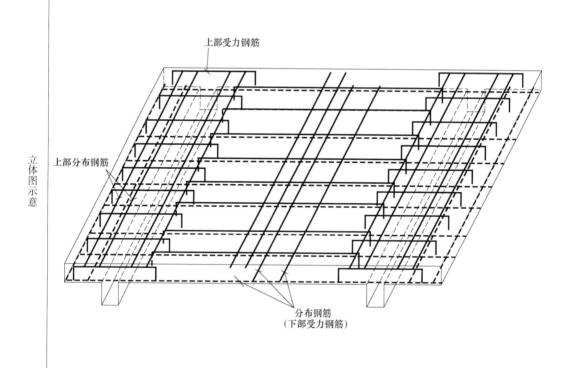

名称	部分贯通式配筋
图例及有关规定	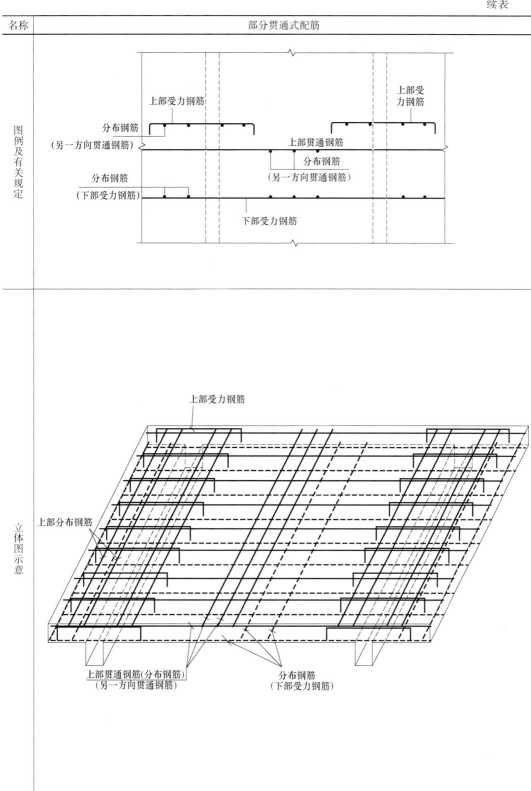
立体图示意	

5.2.5 悬挑板 XB 钢筋构造

悬挑板 XB 钢筋构造，如表 5-8 所示。

悬挑板 XB 钢筋构造 表 5-8

名称	上、下部均配筋(一)
图例及有关规定	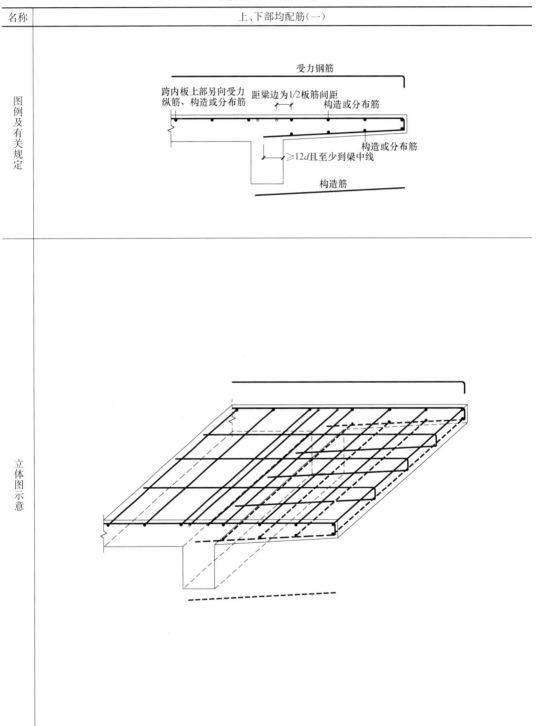
立体图示意	

名称	图例及有关规定	立体图示意

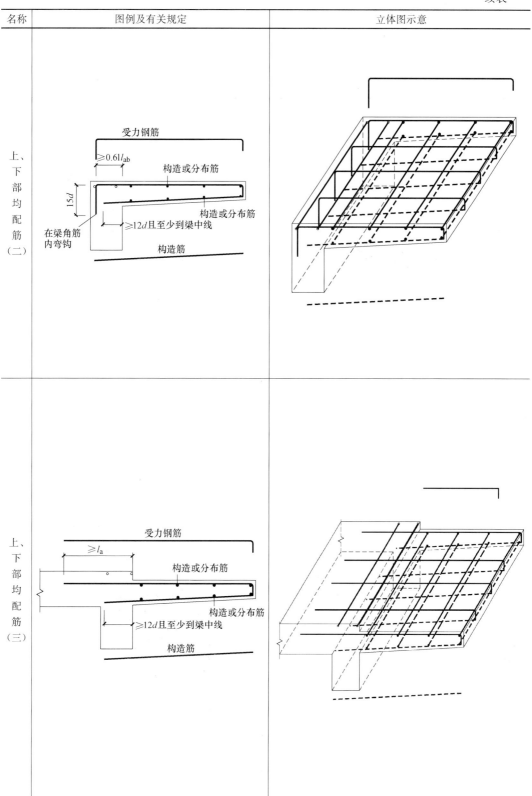

| 上、下部均配筋（二） | | |
| 上、下部均配筋（三） | | |

5.2.6 折板配筋构造

折板配筋构造，如表 5-9 所示。

折板配筋构造 表 5-9

名称	图例及有关规定	立体图示意
折板配筋构造（一）	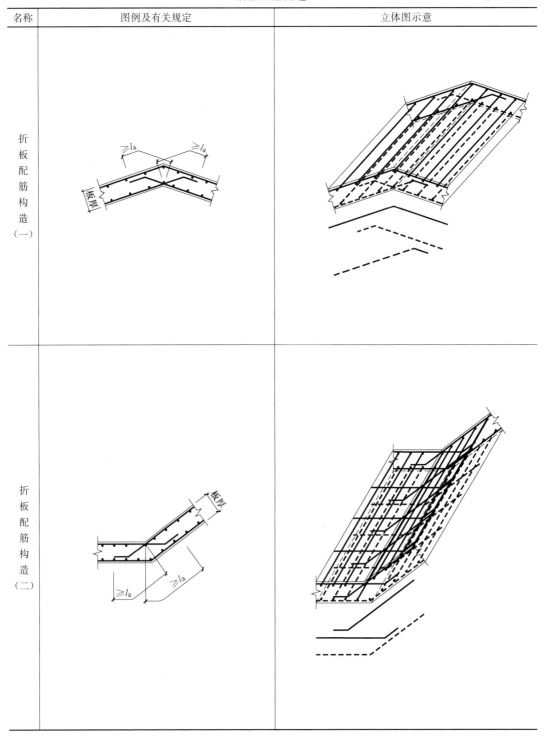	
折板配筋构造（二）		

5.2.7 板后浇带 HJD 钢筋构造

板后浇带 HJD 钢筋构造，如表 5-10 所示。

板后浇带 HJD 钢筋构造 表 5-10

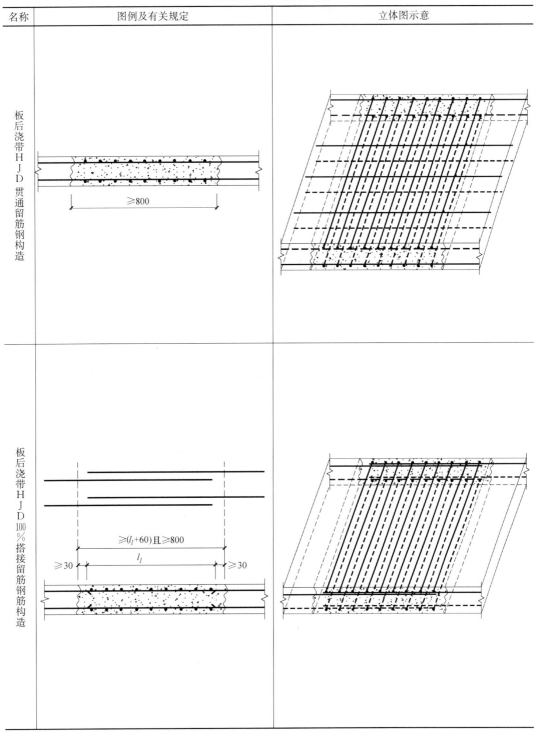

名称	图例及有关规定	立体图示意
板后浇带 HJD 贯通留筋钢构造	≥800	
板后浇带 HJD 100% 搭接留筋钢筋构造	≥(l_l+60)且≥800 l_l ≥30 ≥30	

5.2.8 局部升降板 SJB 构造

局部升降板 SJB 构造，如表 5-11 所示。

局部升降板 SJB 构造

表 5-11

名称	局部升降板 SJB 构造
图例及有关规定	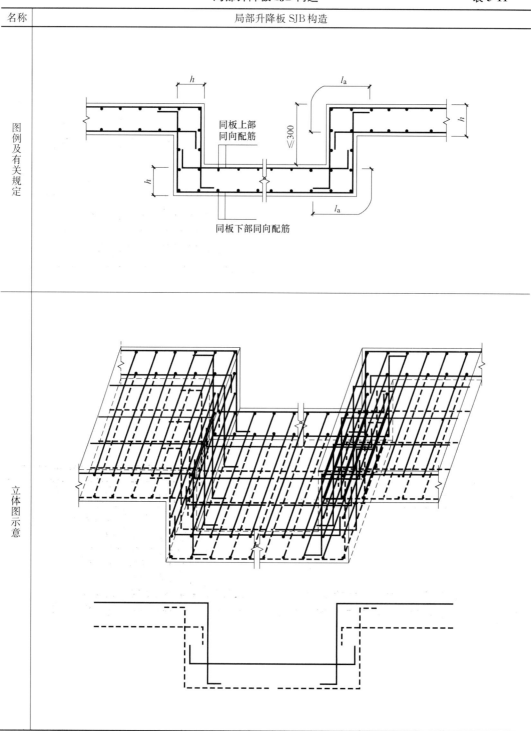
立体图示意	

同板上部同向配筋

同板下部同向配筋

5.2.9 板开洞 BD 与洞边加强钢筋构造（洞边无集中荷载）

矩形洞边长不大于 300mm 时钢筋构造，如表 5-12 所示。

矩形洞边长不大于 **300mm** 时钢筋构造   表 5-12

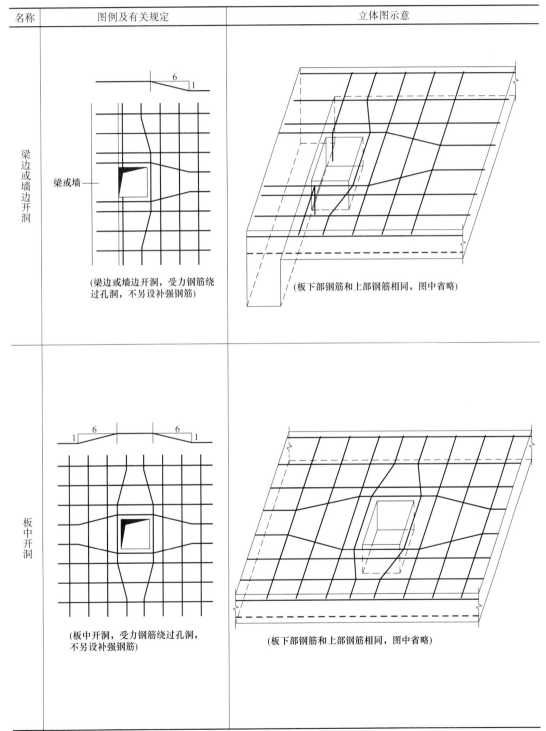

名称	图例及有关规定	立体图示意
梁边或墙边开洞	（梁边或墙边开洞，受力钢筋绕过孔洞，不另设补强钢筋）	（板下部钢筋和上部钢筋相同，图中省略）
板中开洞	（板中开洞，受力钢筋绕过孔洞，不另设补强钢筋）	（板下部钢筋和上部钢筋相同，图中省略）

矩形洞边长大于 300mm 但不大于 1000mm 时补强钢筋构造，如表 5-13 所示。

矩形洞边长大于 **300mm** 但不大于 **1000mm** 时补强钢筋构造 表 5-13

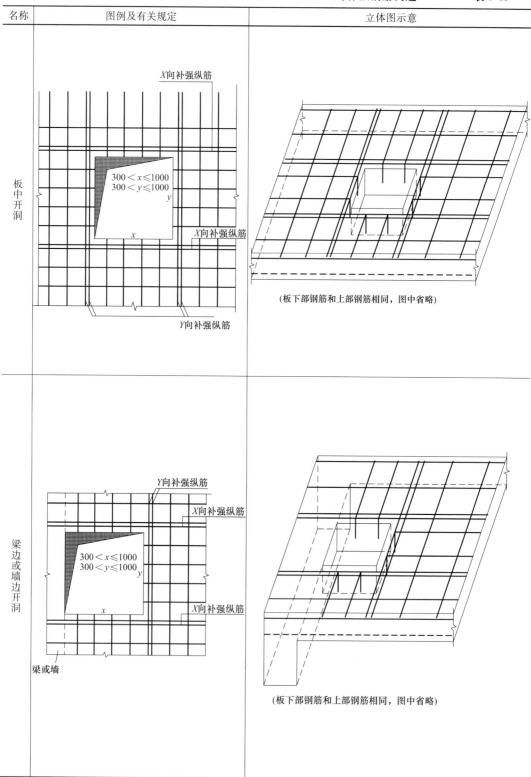

5.3 板平法施工图实例导读

某工程有梁楼盖平法施工图，如图 5-1 所示。

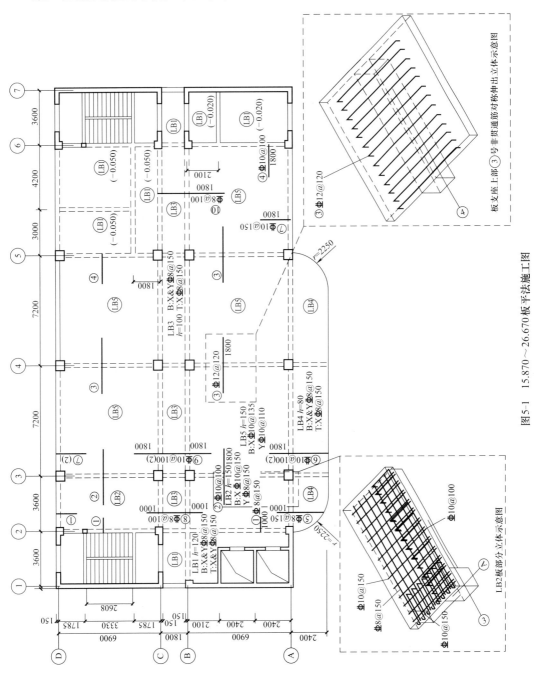

图5-1 15.870～26.670板平法施工图

第6章 板式楼梯平法施工图

6.1 板式楼梯平法施工图制图规则

6.1.1 楼梯类型

11G101-2 图集楼梯类型，如表 6-1 所示。

11G101-2 图集楼梯类型   表 6-1

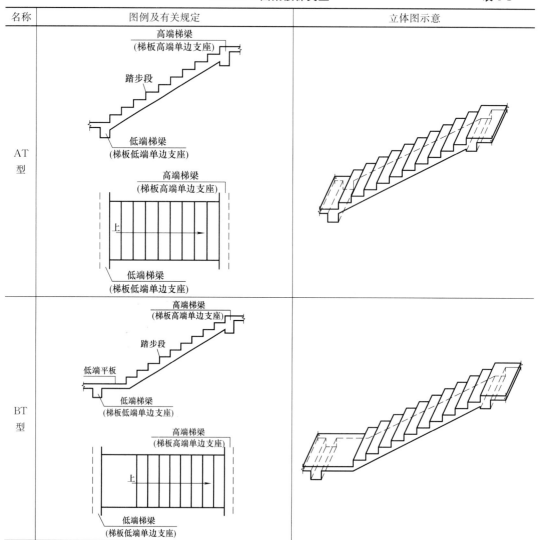

名称	图例及有关规定	立体图示意
AT型		
BT型		

名称	图例及有关规定	立体图示意
CT 型	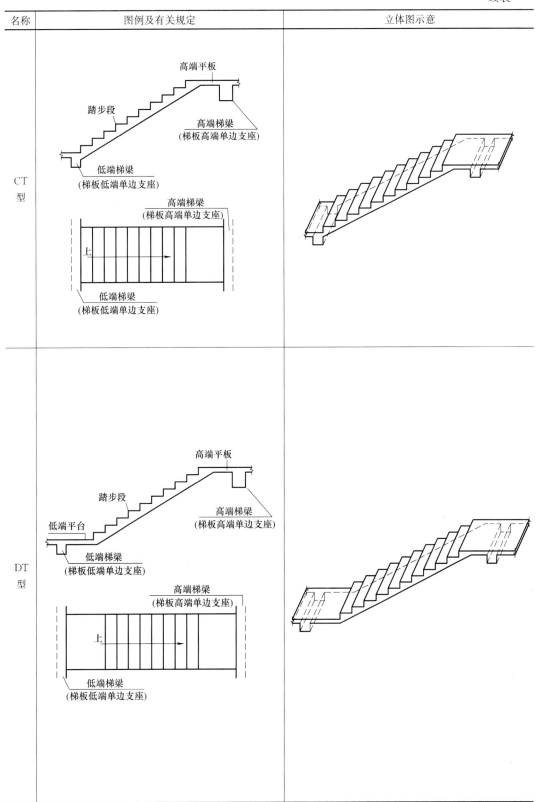	
DT 型		

名称	图例及有关规定	立体图示意
ET型	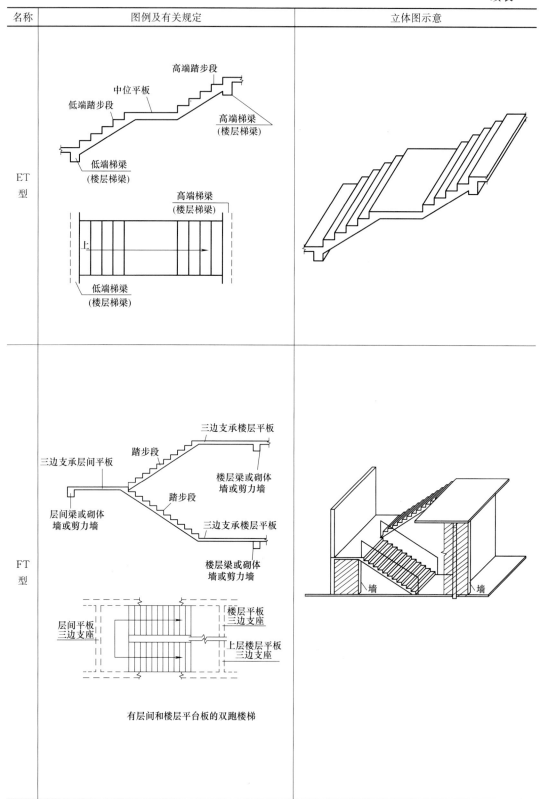	
FT型		

ET型图示标注:高端踏步段、中位平板、低端踏步段、高端梯梁(楼层梯梁)、低端梯梁(楼层梯梁)、高端梯梁(楼层梯梁)、上、低端梯梁(楼层梯梁)

FT型图示标注:三边支承楼层平板、踏步段、三边支承层间平板、楼层梁或砌体墙或剪力墙、层间梁或砌体墙或剪力墙、踏步段、三边支承楼层平板、楼层梁或砌体墙或剪力墙、层间平板三边支座、楼层平板三边支座、上层楼层平板三边支座、墙、墙

有层间和楼层平台板的双跑楼梯

名称	图例及有关规定	立体图示意

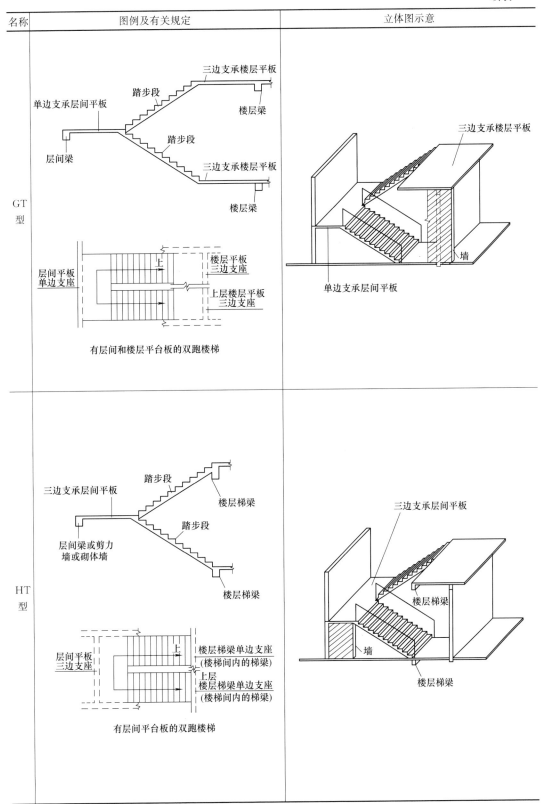

GT 型

三边支承楼层平板
踏步段
单边支承层间平板
楼层梁
层间梁
踏步段
三边支承楼层平板
楼层梁

层间平板单边支座
上
楼层平板三边支座
上层楼层平板三边支座

有层间和楼层平台板的双跑楼梯

三边支承楼层平板
单边支承层间平板
墙

HT 型

三边支承层间平板
踏步段
楼层梯梁
层间梁或剪力墙或砌体墙
踏步段
楼层梯梁

层间平板三边支座
上
楼层梯梁单边支座（楼梯间内的梯梁）
上层楼层梯梁单边支座（楼梯间内的梯梁）

有层间平台板的双跑楼梯

三边支承层间平板
楼层梯梁
墙
楼层梯梁

153

名称	图例及有关规定	立体图示意
ATa 型	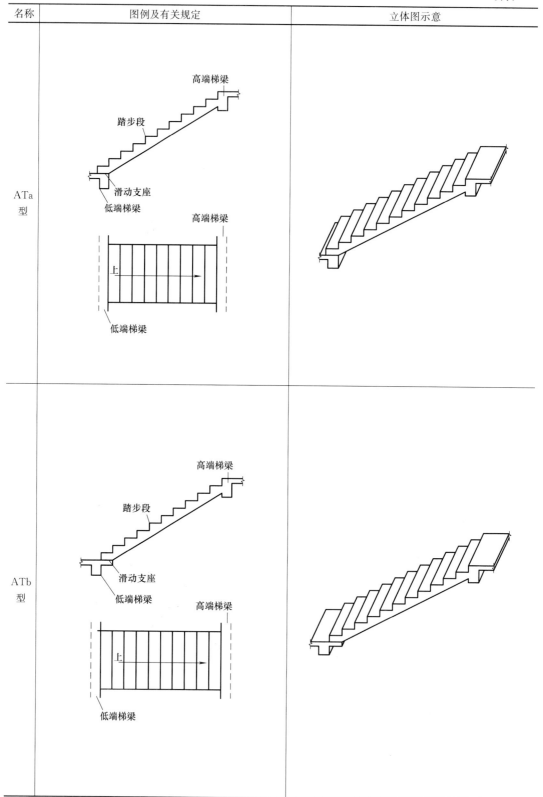	
ATb 型		

6.1.2 平面注写方式规则

平面注写方式规则，如表 6-2 所示。

平面注写方式规则 表 6-2

名称	图例及有关规定	解 释
定义	平面注写方式,系在楼梯平面布置图上注写截面尺寸和配筋具体数值的方式来表达楼梯施工图。包括集中标注和外围标注	
楼梯集中标注	楼梯集中标注的内容有五项,具体规定如下: (1)梯板类型代号与序号,如 AT××。 (2)梯板厚度,注写为 $h=×××$。当为带平板的梯板且梯段板厚度和平板厚度不同时,可在梯段板厚度后面括号内以字母 P 打头注写平板厚度。 〔例〕 $h=130(P150)$,130 表示梯段板厚度,150表示梯板平板段的厚度。 (3)踏步段总高度和踏步级数,之间以"/"分隔。 (4)梯板支座上纵筋,下部纵筋,之间以";"分隔。 (5)梯板分布筋,以 F 打头注写分布钢筋具体值,该项也可在图中统一说明 〔例〕平面图中梯板类型及配筋的完整标注示例如下(AT 型): AT1,$h=120$　梯扳类型及编号,梯板板厚 1800/12　踏步段总高度/踏步级数 Φ10@200;Φ12@150　上部纵筋;下部纵筋 FΦ8@250　梯板分布筋(可统一说明)	(1) 3号AT型梯板,梯板厚度120mm (2) 踏步段总高度2600mm,踏步级数10 (3) 上部纵筋Φ10@200；下部纵筋Φ12@150 (4) 梯板分布筋Φ8@250 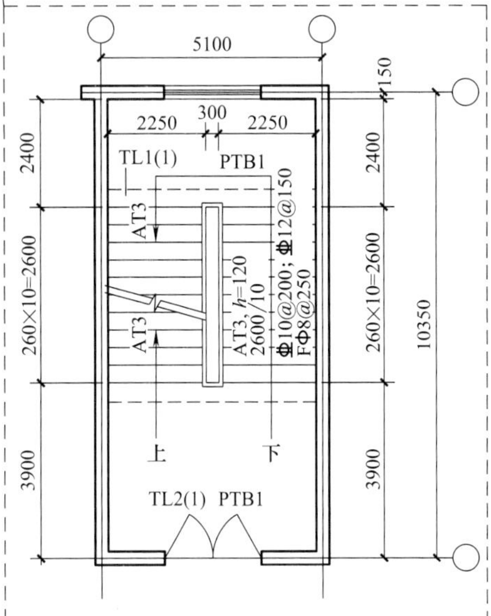
楼梯外围标注	楼梯外围标注的内容,包括楼梯间的平面尺寸、楼层结构标高、层间结构标高、楼梯的上下方向、梯板的平面几何尺寸、平台板配筋、梯梁及梯柱配筋等	三四层楼梯平面图

155

6.1.3 剖面注写方式规则

剖面注写方式规则，如表 6-3 所示。

剖面注写方式规则   表 6-3

名称	图例及有关规定	解　释
定义	剖面注写方式需在楼梯平法施工图中绘制楼梯平面布置图和楼梯剖面图,注写方式分平面注写、剖面注写两部分	 三四层楼梯平面图
楼梯平面布置图注写	楼梯平面布置图注写内容,包括楼梯间的平面尺寸、楼层结构标高、层间结构标高、楼梯的上下方向、梯板的平面几何尺寸、梯板类型及编号、平台板配筋、梯梁及梯柱配筋等	
楼梯剖面图注写	楼梯剖面图注写内容,包括梯板集中标注、梯梁梯柱编号、梯板水平及竖向尺寸、楼层结构标高、层间结构标高等	
样板集中标注	梯板集中标注的内容有四项,具体规定如下: (1)梯板类型及编号,如 AT××。 (2)梯板厚度,注写为 $h=\times\times\times$。当梯板由踏步段和平板构成,且踏步段梯板厚度和平板厚度不同时,可在梯板厚度后面括号内以字母 P 打头注写平板厚度。 (3)梯板配筋。注明梯板上部纵筋和梯板下部纵筋,用分号";"将上部与下部纵筋的配筋值分隔开来。 (4)梯板分布筋,以 F 打头注写分布钢筋具体值,该项也可在图中统一说明 ［例］剖面图中梯板配筋完整的标注如下: AT1,$h=120$　梯板类型及编号,梯板板厚 $\Phi10@200;\Phi12@15$　上部纵筋;下部纵筋 FΦ8@250　梯板分布筋(可统一说明)	 楼梯剖面图

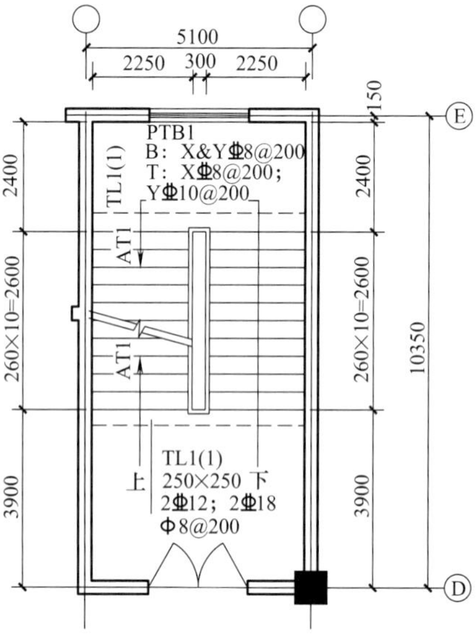

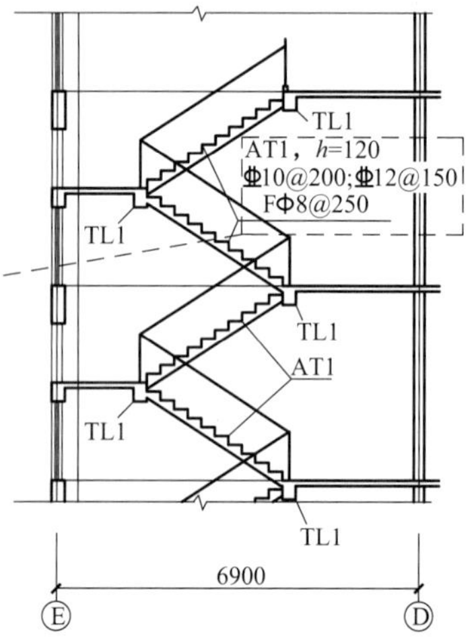

156

6.2 板式楼梯标准构造详图

6.2.1 AT 型楼梯板配筋构造

AT 型楼梯板配筋构造，如表 6-4 所示。

AT 型楼梯板配筋构造	表 6-4

名称	AT 型楼梯板配筋构造
图例及有关规定	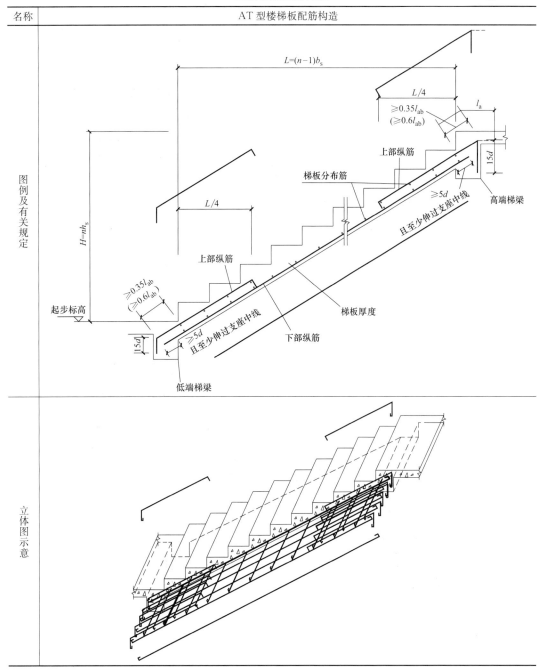
立体图示意	

6.2.2 CT 型楼梯板配筋构造

CT 型楼梯板配筋构造，如表 6-5 所示。

CT 型楼梯板配筋构造   表 6-5

名称	CT 型楼梯板配筋构造
图例及有关规定	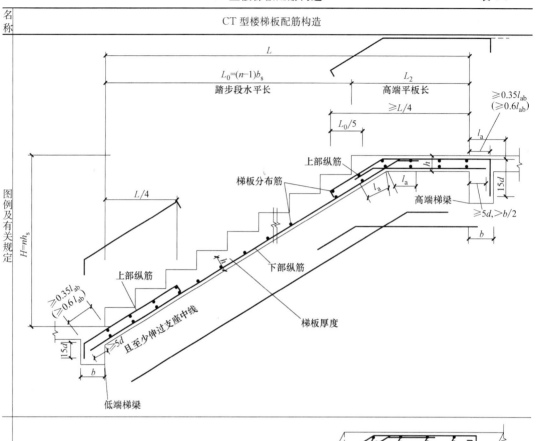
立体图示意	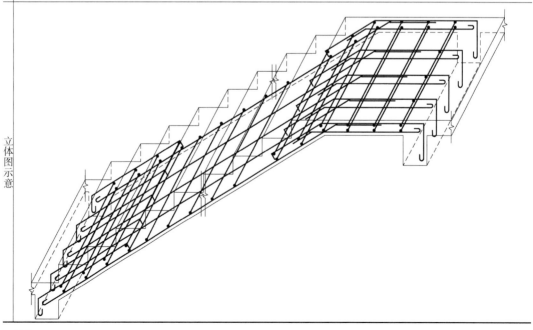

6.3 板式楼梯平法施工图实例导读

某工程楼梯施工图，如图 6-1 所示。

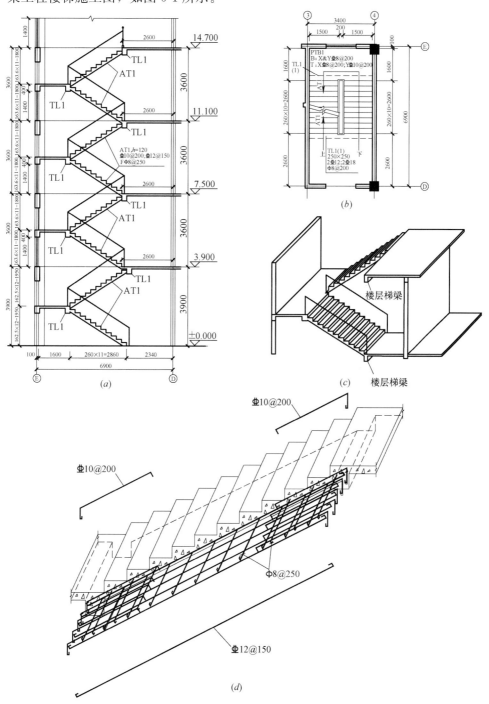

图 6-1 某工程楼梯施工图

（a）楼梯剖面图；（b）三四层楼梯平面图；（c）三四层楼梯平面立体示意图；（d）楼梯板配筋构造立体示意图

第7章　独立基础平法施工图

7.1　独立基础平法施工图制图规则

独立基础平法施工图平面注写方式，如表 7-1 所示。

表 7-1

独立基础平法施工图平面注写方式

名称	图例及有关规定	解　释
独立基础编号规则	各种独立基础编号按下表规定： **独立基础编号** | 类型	基础底板截面形状	代号	序号 | |---|---|---|---| | 普通独立基础 | 阶形 | DJ_J | ×× | | | 坡形 | DJ_P | ×× | | 杯口独立基础 | 阶形 | BJ_J | ×× | | | 坡形 | BJ_P | ×× |	 DJ$_J$××,400/300/300 **阶形截面普通独立基础平面注写方式**
独立基础平面注写方式	独立基础的平面注写方式,分为集中标注和原位标注两部分内容	
独立基础集中标注	普通独立基础和杯口独立基础的集中标注,系在基础平面图上集中引注:基础编号、截面竖向尺寸、配筋三项必注内容,以及基础底面标高(与基础底面基准标高不同时)和必要的文字注解两项选注内容。 素混凝土普通独立基础的集中标注,除无基础配筋内容外均与钢筋混凝土普通独立基础相同。 独立基础集中标注举例如下: 〔例〕 当阶形截面普通独立基础 DJ$_J$×× 的竖向尺寸注写为 400/300/300 时,表示 $h_1=400$mm、$h_2=300$mm、$h_3=300$mm,基础底板总厚度为 1000mm。 〔例〕 当坡形截面普通独立基础 DJ$_P$×× 的竖向尺寸注写为 350/300 时,表示 $h_1=350$、$h_2=300$,基础底板总厚度为 650mm	 DJ$_P$××,350/300 **坡形截面普通独立基础平面注写方式**

160

名称	图例及有关规定	解　释
独立基础集中标注	[例]　当独立基础底板配筋标注为:B:XΦ16@150,YΦ16@200;表示基础底板底部配置 HRB400 级钢筋,X 向直径为16mm,分布间距 150mm;Y 向直径为 16mm,分布间距 200mm,见下图。 独立基础底板底部双向配筋示意 [例]　当杯口独立基础顶部钢筋网标注为:Sn2Φ14,表示杯口顶部每边配置 2 根 HRB400 级直径为 14mm 的焊接钢筋网,见下图 单杯口独立基础顶部焊接钢筋网示意	 独立基础底板底部双向配筋立体示意图 单杯口独立基础顶部焊接钢筋网立体示意图

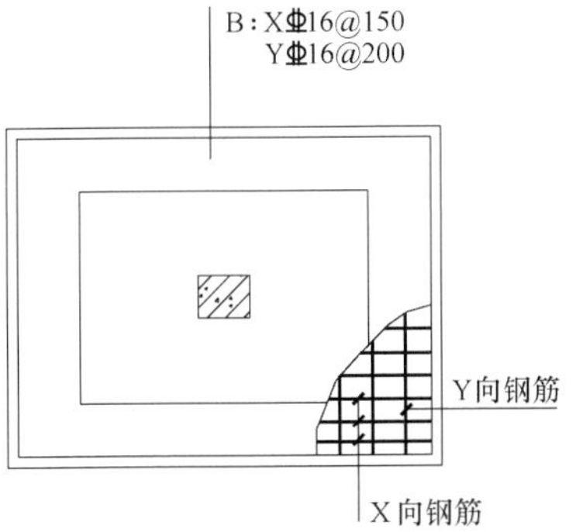

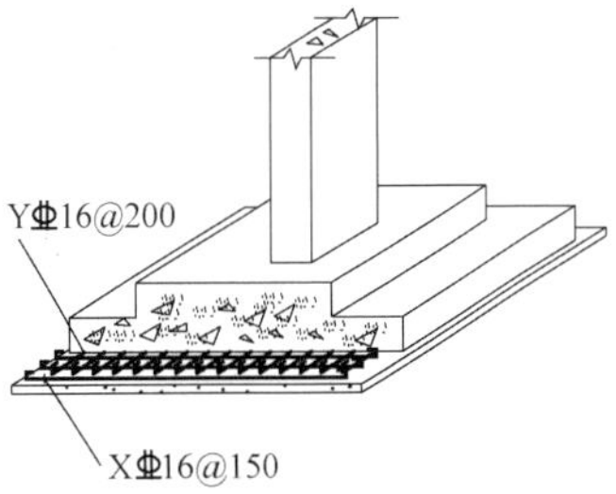

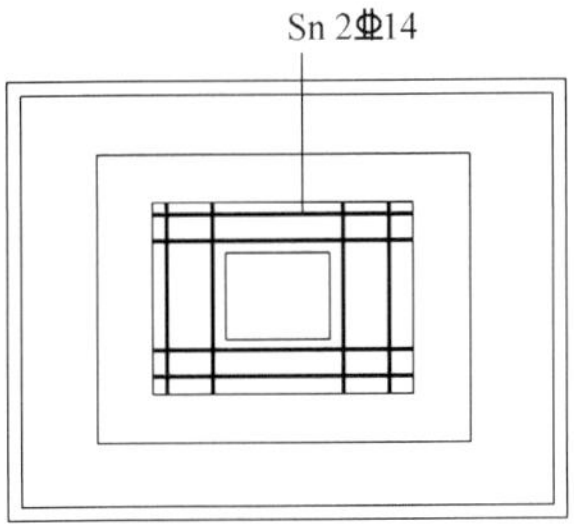

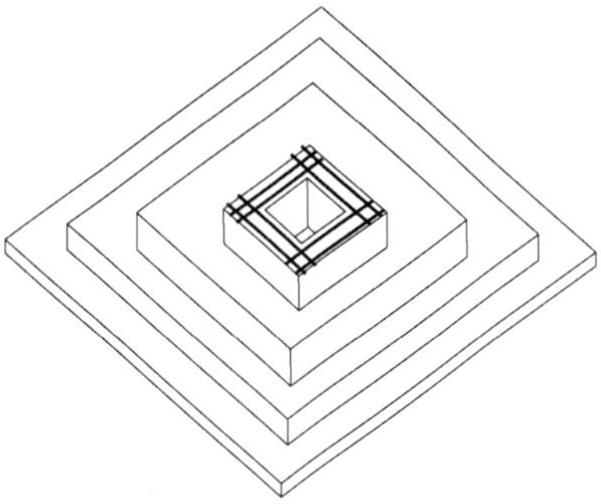

161

名称	图例及有关规定	解　释
独立基础集中标注	[例]　当高杯口独立基础的杯壁外侧和短柱配筋标注为:O 4Φ20/Φ16@220/Φ16@200,Φ10@150/300;表示高杯口独立基础的杯壁外侧和短柱配置 HRB400 级竖向钢筋和 HPB300 级箍筋。其竖向钢筋为:4Φ20 角筋、Φ16@220 长边中部钢筋和Φ16@200 短边中部筋;其箍筋直径为 10mm,杯口范围间距 150mm,短柱范围间距 300mm,见下图 O　4Φ20/Φ16@220/Φ16@200, Φ10@150/300 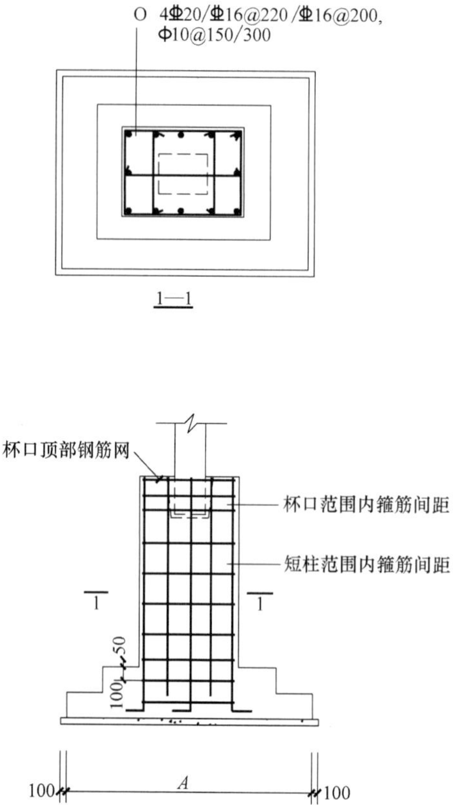 1—1 杯口顶部钢筋网 杯口范围内箍筋间距 短柱范围内箍筋间距 高杯口独立基础杯壁配筋示意	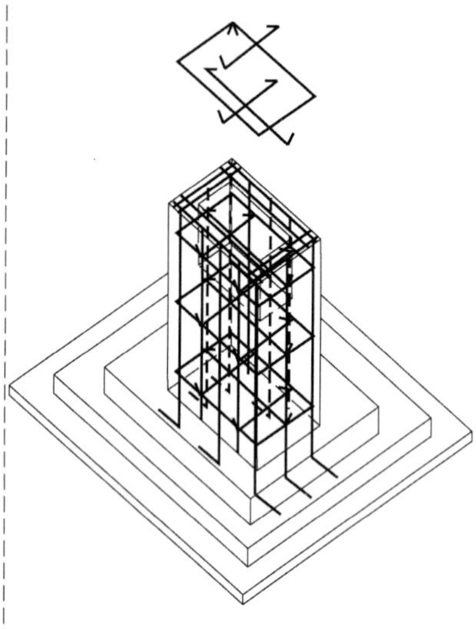 高杯口独立基础杯壁配筋立体示意图

名称	图例及有关规定	解　释

独立基础集中标注

［例］　当短柱配筋标注为：DZ4⚿20/3⚿18/1⚿18，Φ10@100，－2.500～－0.050；表示独立基础的短柱设置在－2.500～－0.050m 高度范围内，配置 HRB400 级竖向钢筋和 HPB300 级箍筋。其竖向钢筋为：4⚿20 角筋、3⚿18x 边中部筋和 1⚿18y 边中部筋；其箍筋直径为 10mm，间距100mm，见下图

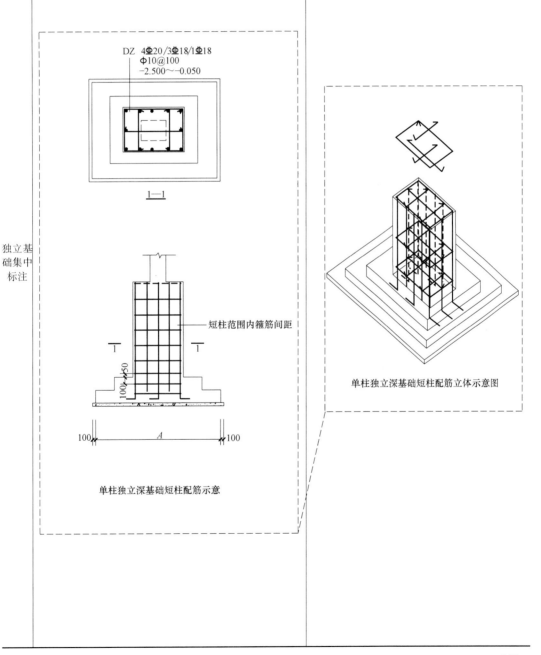

DZ　4⚿20/3⚿18/1⚿18
Φ10@100
－2.500～－0.050

1—1

短柱范围内箍筋间距

100,050

1

100　　　　　A　　　　　100

单柱独立深基础短柱配筋示意

单柱独立深基础短柱配筋立体示意图

名称	独立基础原位标注
图例及有关规定	钢筋混凝土和素混凝土独立基础的原位标注,系在基础平面布置图上标注独立基础的平面尺寸。对相同编号的基础,可选择一个进行原位标注;当平面图形较小时,可将所选定进行原位标注的基础按比例适当放大;其他相同编号者仅注编号。 〔例〕 T11⚼18@100/Φ10@200;表示独立基础顶部配置纵向受力钢筋 HRB400 级,直径为 18mm 设置 11 根,间距 100mm;分布筋 HPB300 级,直径为 10mm,分布间距 200mm,见下图 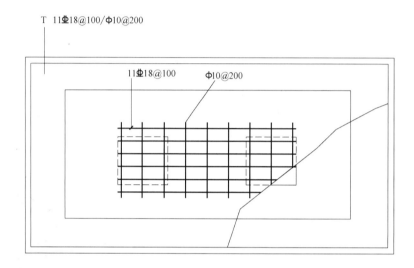 双柱独立基础顶部配筋示意
解释	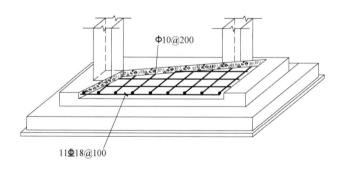 双柱独立基础顶部配筋立体示意

7.2 独立基础标准构造详图

7.2.1 独立基础底板配筋构造

独立基础底板配筋构造，如表 7-2 所示。

独立基础底板配筋构造 表 7-2

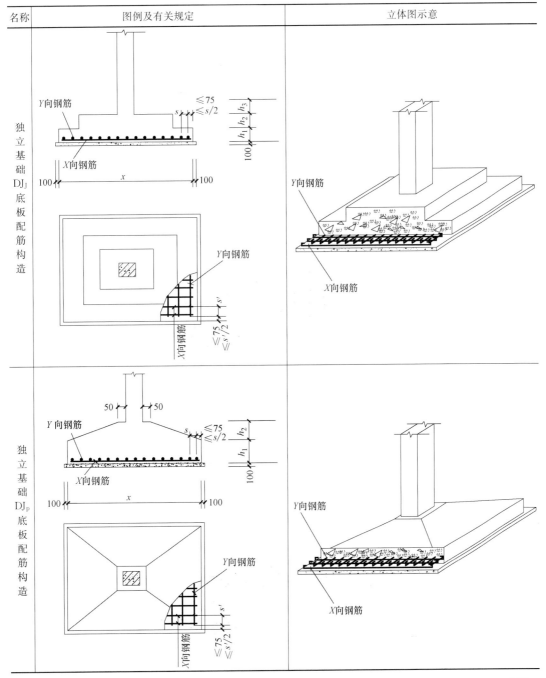

名称	图例及有关规定	立体图示意
独立基础DJ_J底板配筋构造		
独立基础DJ_P底板配筋构造		

7.2.2 双柱普通独立基础配筋构造

双柱普通独立基础配筋构造见表 7-3。

双柱普通独立基础配筋构造

表 7-3

名称	双柱普通独立基础配筋构造
图例及有关规定	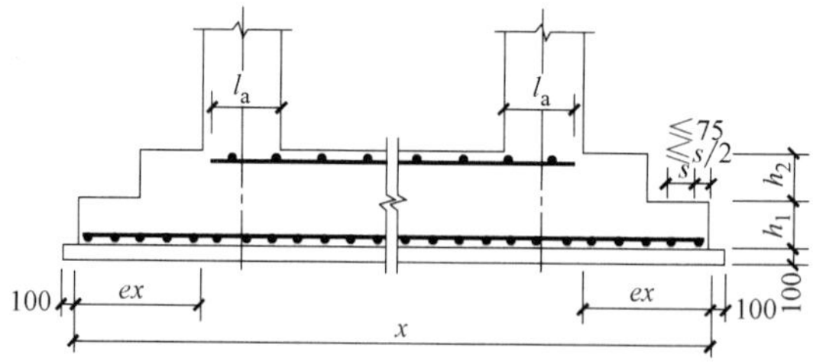 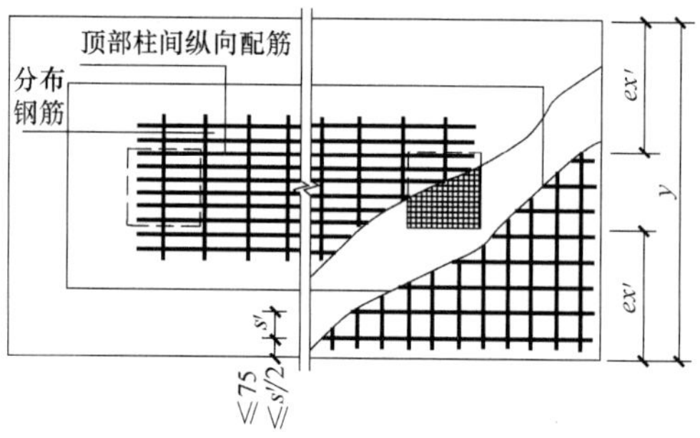
立体图示意	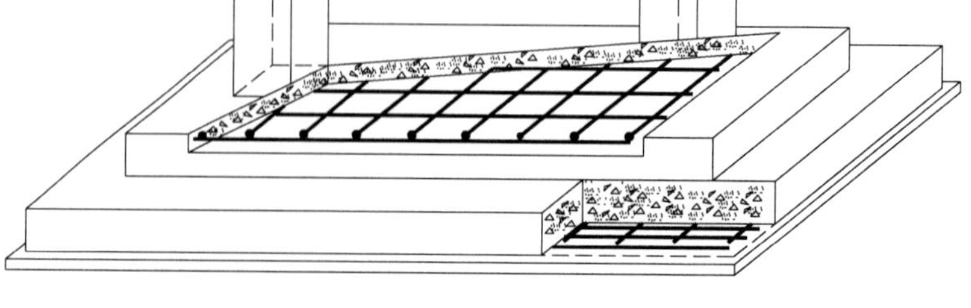

7.3 独立基础平法施工图实例导读

某工程独立基础平法施工图，如图 7-1 所示。

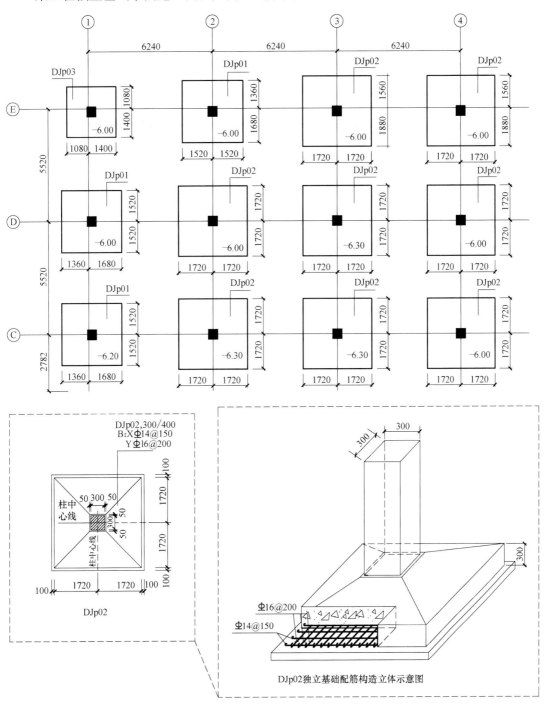

图 7-1　某工程基础平面图（部分）

第8章 条形基础平法施工图

8.1 条形基础平法施工图制图规则

条形基础平法施工图平面注写方式如表 8-1 所示。

条形基础平法施工图平面注写方式 表 8-1

名称	条形基础编号	基础梁平面注写方式
图例及有关规定	条形基础编号分为基础梁和条形基础底板编号,规定见下表: **条形基础梁及底板编号** | 类 型	代号	序号	跨数及有无外伸
---	---	---	---
基础梁	JL	××	(××)端部无外伸
条形基础底板(坡形)	TJB$_p$	××	(××A)一端有外伸
条形基础底板(阶形)	TJB$_j$	××	(××B)两端有外伸 | 注:条形基础通常采用坡形截面或单阶形截面	基础梁 JL 的平面注写方式,分为集中标注和原位标注两部分内容。 　　基础梁的集中标注内容为:基础梁编号、截面尺寸、配筋三项必注内容,以及基础梁底面标高(与基础底面基准标高不同时)和必要的文字注解两项选注内容。具体规定举例如下: 　　[例] 9Φ16@100/Φ16@200(6),表示配置两种 HRB400 级箍筋,直径 16mm,从梁两端起向跨内按间距 100mm 设置 9 道,梁其余部位的间距为 200mm,均为 6 肢箍
解释	 基础梁配置两种箍筋示意	

名称	基础梁平面注写方式

图例及有关规定

　　〔例〕　B：4Φ25；T：11Φ25 7/4，表示梁底部配置贯通纵筋为 4Φ25；梁顶部配置贯通纵筋上一排为 7Φ25，下一排为 4Φ25，共 11Φ25。
　　〔例〕　G4Φ14，表示梁每个侧面配置纵向构造钢筋 2Φ14，共配置 4Φ14

解释

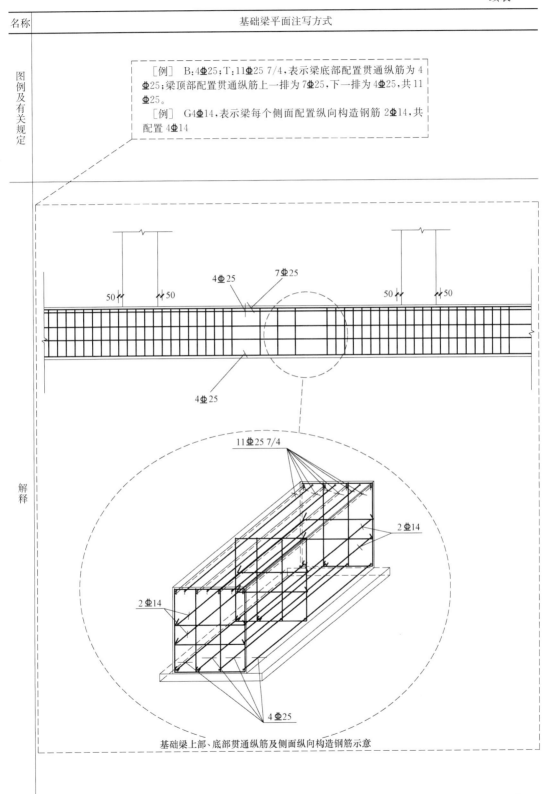

基础梁上部、底部贯通纵筋及侧面纵向构造钢筋示意

169

名称	图例及有关规定	解　释
条形基础底板平面注写方式	条形基础底板 TJBp、TJBj 的平面注写形式,分集中标注和原位标注两部分内容。 条形基础底板的集中标注内容为:条形基础底板编号、截面竖向尺寸、配筋三项必注内容,以及条形基础底板底面标高(与基础底面基准标高不同时)、必要的文字注解两项选注内容。具体规定举例如下:	

[例]　当条形基础底板为坡形截面TJBp××,其截面竖向尺寸注写为300/250时,表示h_1=300mm、h_2=250mm,基础底板根部总厚度为550mm

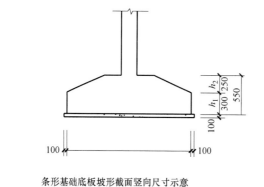

条形基础底板坡形截面竖向尺寸示意

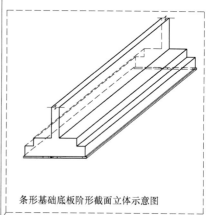

条形基础底板坡形截面立体示意图

[例]　当条形基础底板为阶形截面TJBj××,其截面竖向尺寸注写为300/250时,表示h_1=300mm、h_2=250mm,基础底板总厚度为550mm

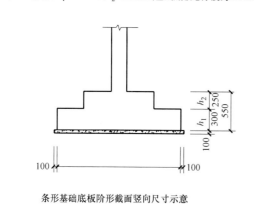

条形基础底板阶形截面竖向尺寸示意

条形基础底板阶形截面立体示意图

名称	条形基础底板平面注写形式
图例及有关规定	[例] 当条形基础底板配筋标注为：B:Φ14@150/Φ8@250； 表示条形基础底板底部配置HRB400级横向受力钢筋,直径为14mm,分 布间距150mm,配置HPB300级构造钢筋,直径为8mm,分布间距250mm B:Φ14@150/Φ8@250 底部横向受力钢筋 底部构造钢筋 条形基础底板底部配筋示意
解释	 Φ14@150 Φ8@250 条形基础底板底部配筋立体示意图

171

8.2 条形基础标准构造详图

8.2.1 基础梁 JL 纵向钢筋与箍筋构造

基础梁 JL 纵向钢筋与箍筋构造，如表 8-2 所示。

基础梁 JL 纵向钢筋与箍筋构造 表 8-2

名称	基础梁 JL 纵向钢筋与箍筋构造
图例及有关规定	顶部贯通纵筋在连接区内采用搭接、机械连接或焊接。同一连接区段内接头面积百分率不宜大于50%。 当钢筋长度可穿过一连接区到下一连接区并满足连接要求时,宜穿越设置 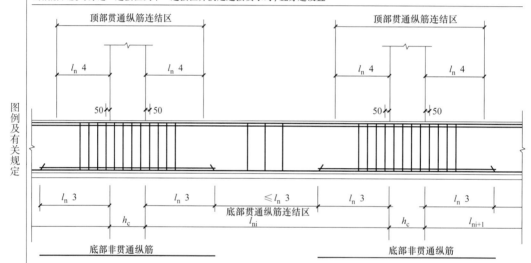 底部贯通纵筋在连接区内采用搭接、机械连接或焊接。同一连接区段内接头面积百分率不宜大于50%。 当钢筋长度可穿过一连接区到下一连接区并满足连接要求时,宜穿越设置
立体图示意	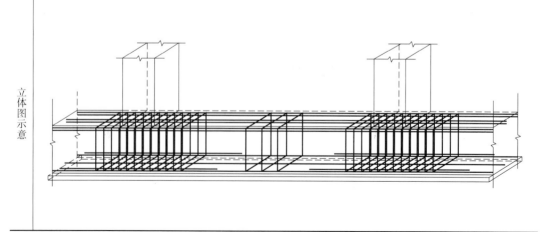

172

8.2.2 基础梁 JL 配置两种箍筋构造

基础梁 JL 配置两种箍筋构造，如表 8-3 所示。

基础梁 JL 配置两种箍筋构造 表 8-3

名称	基础梁 JL 配置两种箍筋构造

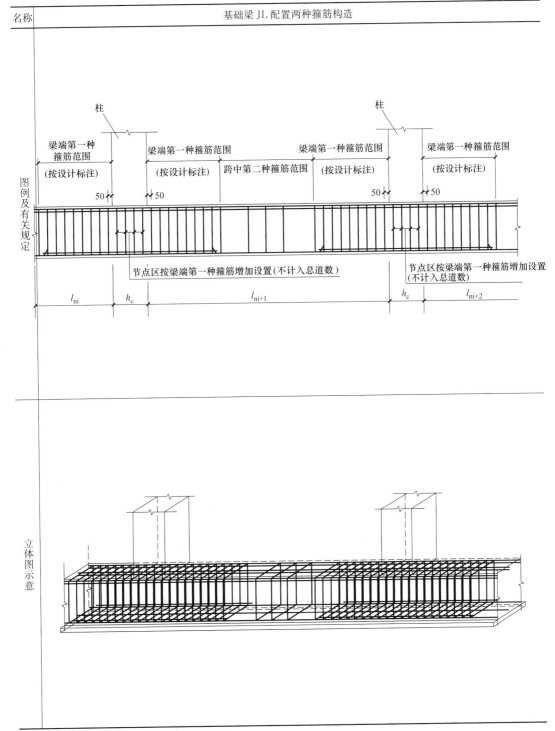

图例及有关规定

立体图示意

173

8.2.3 基础梁 JL 端部与外伸部位钢筋构造

基础梁 JL 端部与外伸部位钢筋构造，如表 8-4 所示。

基础梁 JL 端部与外伸部位钢筋构造

表 8-4

名称	图例及有关规定	立体图示意
端部等截面外伸构造		
端部变截面外伸构造		

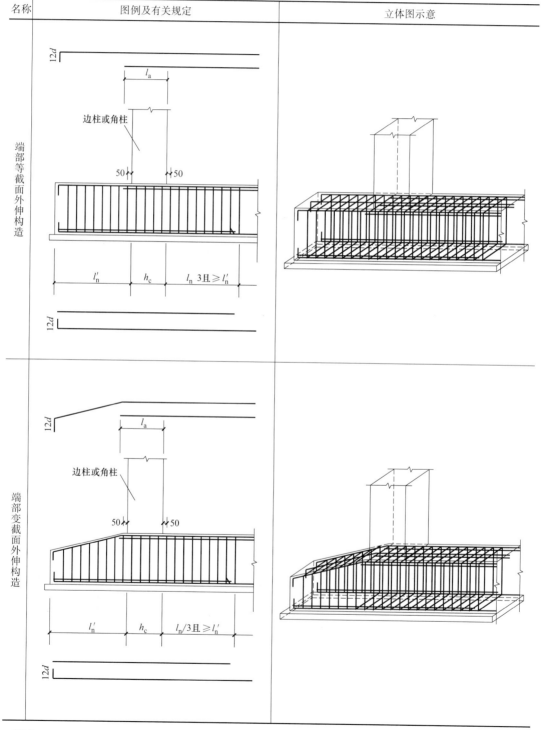

8.3 条形基础平法施工图实例导读

某工程条形基础平法施工图，如图 8-1 所示。

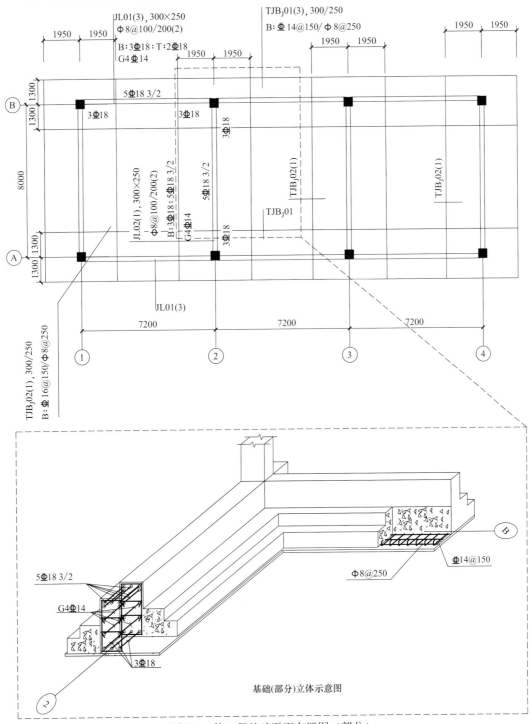

基础(部分)立体示意图

图 8-1 某工程基础平面布置图（部分）

第9章 梁板式筏形基础平法施工图

9.1 梁板式筏形基础平法施工图制图规则

梁板式筏形基础平法施工图制图规则，如表 9-1 所示。

梁板式筏形基础平法施工图制图规则 表 9-1

名称	图例及有关规定	解　释
梁板式筏形基础构件的类型与编号	梁板式筏形基础由基础主梁、基础次梁、基础平板等构成，编号见下表： **梁板式筏形基础构件编号** | 构件类型	代号	序号	跨数及有无外伸
---	---	---	---
基础主梁(柱下)	JL	××	(××)或(××A)或(××B)
基础次梁	JCL	××	(××)或(××A)或(××B)
梁板式筏形基础平板	LPB	××	| 注：1. (××A)为一端有外伸，(××B)为两端有外伸，外伸不计入跨数。[例]JL7(5B)表示第 7 号基础主梁，5 跨，两端有外伸。 　2. 梁板式筏形基础平板跨数及是否有外伸分别在 X、Y 两向的贯通纵筋之后表达。图面从左至右为 X 向，从下至上为 Y 向 　3. 梁板式筏形基础主梁与条形基础梁编号与标准构造详图一致	 梁板式筏形基础立体示意图
基础主梁与基础次梁的平面注写方式	基础主梁 JL 与基础次梁 JCL 的平面注写，分集中标注与原位标注两部分内容。 　基础主梁 JL 与基础次梁 JCL 的集中标注内容为：基础梁编号、截面尺寸、配筋三项必注内容，以及基础梁底面标高高差(相对于筏形基础平板底面标高)一项选注内容。具体规定举例如下： 　[例] 基础梁箍筋注写为 9Φ16@100/Φ16@200(6)，表示箍筋为 HPB300 级钢筋，直径 16mm，从梁端向跨内，间距100mm，设置 9 道，其余间距为 200mm，均为 6 肢箍	 梁板式筏形基础梁配置两种箍筋示意图

名称	基础主梁与基础次梁的平面注写方式

图例及有关规定

[例] 基础梁贯通纵筋注写为：B4Φ32；T7Φ12，表示梁的底部配置4Φ32的贯通纵筋，梁的顶部配置7Φ12的贯通纵筋

[例]G4Φ14，表示梁每个侧面配置纵向构造钢筋2Φ14，共配置4Φ14

解释

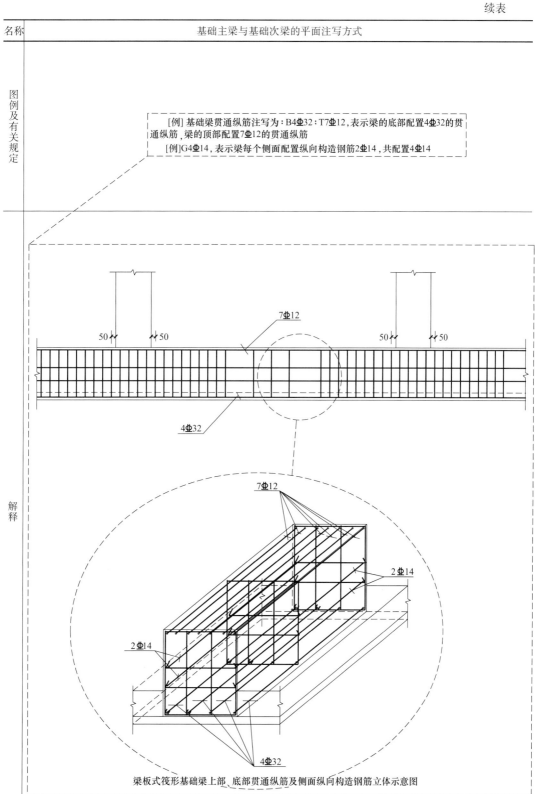

梁板式筏形基础梁上部、底部贯通纵筋及侧面纵向构造钢筋立体示意图

名称	图例及有关规定	解　释
基础主梁与基础次梁的平面注写方式	[例] 当基础梁端(支座)区域底部纵筋注写为 11Φ25 4/7，则表示上一排纵筋为4Φ25，下一排纵筋为 7Φ25 4Φ25 7Φ25 梁板式筏形基础梁底部双排贯通纵筋示意	梁板式筏形基础梁底部双排贯通纵筋立体示意图
	[例] 当基础梁端(支座)区域底部纵筋注写为 4Φ28+3Φ25，表示一排纵筋由两种不同直径钢筋组合 3Φ25 4Φ28 梁板式筏形基础梁底部一排纵筋 由两种不同直径钢筋组合示意	梁板式筏形基础梁底部一排纵筋由 两种不同直径钢筋组合立体示意图

名称	梁板式筏形基础平板的平面注写方式

| 图例及有关规定 | 梁板式筏形基础平板 LPB 的平面注写,分板底部与顶部贯通纵筋的集中标注与板底部附加非贯通纵筋的原位标注两部分内容。当仅设置贯通纵筋而未设置附加非贯通纵筋时,则仅做集中标注。

梁板式筏形基础平板 LPB 贯通纵筋的集中标注,应在所表达的板区双向均为第一跨(X 与 Y 双向首跨)的板上引出(图面从左至右为 X 向,从下至上为 Y 向)。

板区划分条件:板厚相同、基础平板底部与顶部贯通纵筋配置相同的区域为同一板区。

具体规定举例如下:

[例] X:BΦ22@150;TΦ20@150;(4B)
　　 Y:BΦ20@200;TΦ18@200;(3B)

　　表示基础平板X向底部配置Φ22间距150mm的贯通纵筋,顶部配置Φ20间距150mm的贯通纵筋,纵向总长度为4跨两端有外伸;Y向底部配置Φ20间距200mm的贯通纵筋,顶部配置Φ18间距200mm的贯通纵筋,纵向总长度为3跨两端有外伸 |

| 解释 | 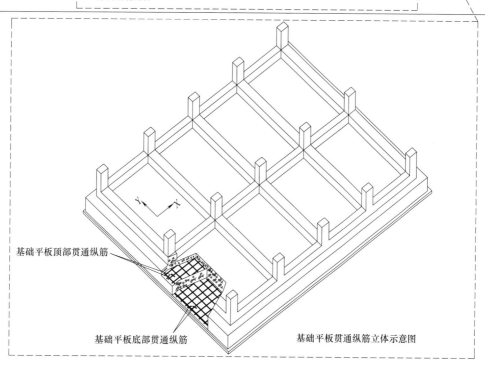
基础平板顶部贯通纵筋
基础平板底部贯通纵筋
基础平板贯通纵筋立体示意图 |

名称	梁板式筏形基础平板的平面注写方式
图例及有关规定	[例]Φ10/12@100表示贯通纵筋为Φ10、Φ12隔一布一,彼此之间间距为100mm。 [例] 在基础平板第一跨原位注写底部附加非贯通纵筋Φ18@300(4A),表示在第一跨至第四跨板且包括基础梁外伸部位横向配置Φ18@300底部附加非贯通纵筋,伸出长度值略
解释	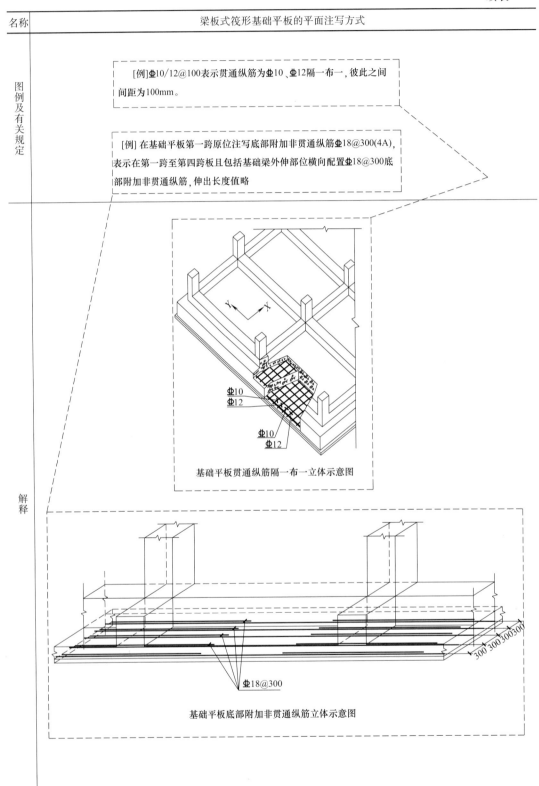

基础平板贯通纵筋隔一布一立体示意图

基础平板底部附加非贯通纵筋立体示意图

名称	梁板式筏形基础平板的平面注写方式

图例及有关规定

[例] 原位注写的基础平板底部附加非贯通纵筋为⑤Φ22@300(3)，该3跨范围集中标注的底部贯通纵筋为BΦ22@300，表示在该3跨支座处实际横向设置的底部纵筋合计为Φ22@150，其他与⑤号筋相同的底部附加非贯通纵筋可仅注编号⑤

解释

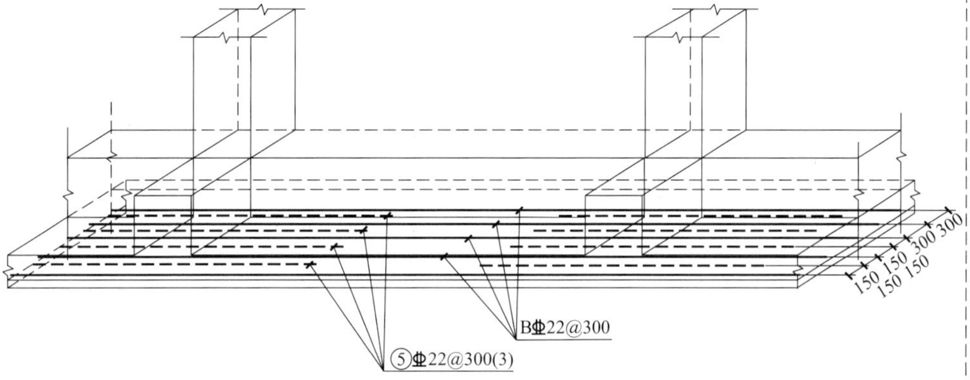

150 150 300 300
150 150

BΦ22@300

⑤Φ22@300(3)

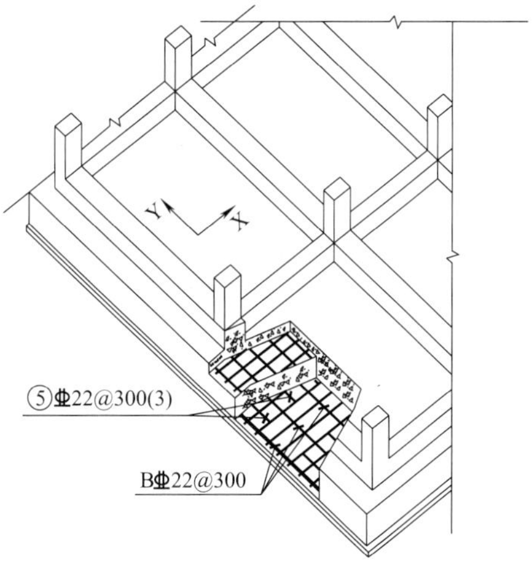

Y X

⑤Φ22@300(3)

BΦ22@300

基础平板贯通纵筋与附加非贯通纵筋隔一布一示意

9.2 梁板式筏形基础标准构造详图

9.2.1 梁板式筏形基础梁 JL 纵向钢筋与箍筋构造

梁板式筏形基础梁 JL 纵向钢筋与箍筋构造，如表 9-2 所示。

梁板式筏形基础梁 JL 纵向钢筋与箍筋构造   表 9-2

名称	梁板式筏形基础梁 JL 纵向钢筋与箍筋构造
图例及有关规定	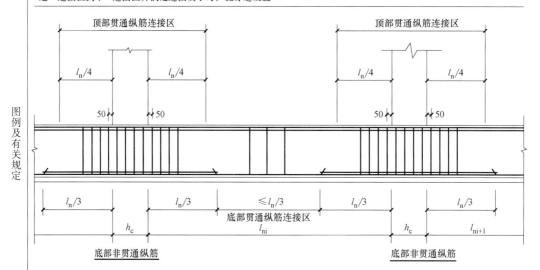
立体图示意	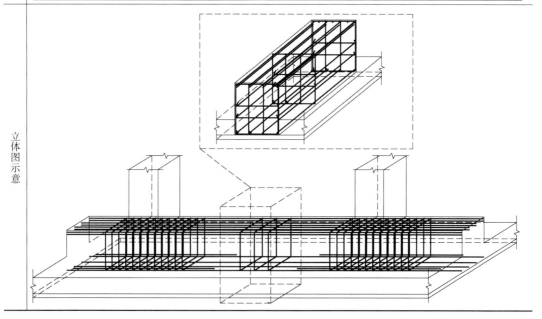

9.2.2 梁板式筏形基础梁 JL 配置两种箍筋构造

梁板式筏形基础梁 JL 配置两种箍筋构造，如表 9-3 所示。

梁板式筏形基础梁 JL 配置两种箍筋构造   表 9-3

名称	梁板式筏形基础梁 JL 配置两种箍筋构造
图例及有关规定	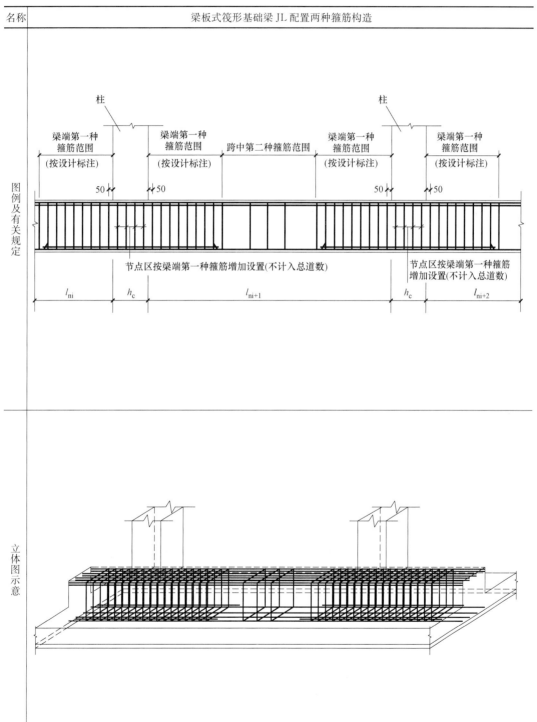

9.2.3 梁板式筏形基础梁 JL 端部与外伸部位钢筋构造

梁板式筏形基础梁 JL 端部与外伸部位钢筋构造，如表 9-4 所示。

梁板式筏形基础梁 JL 端部与外伸部位钢筋构造 表 9-4

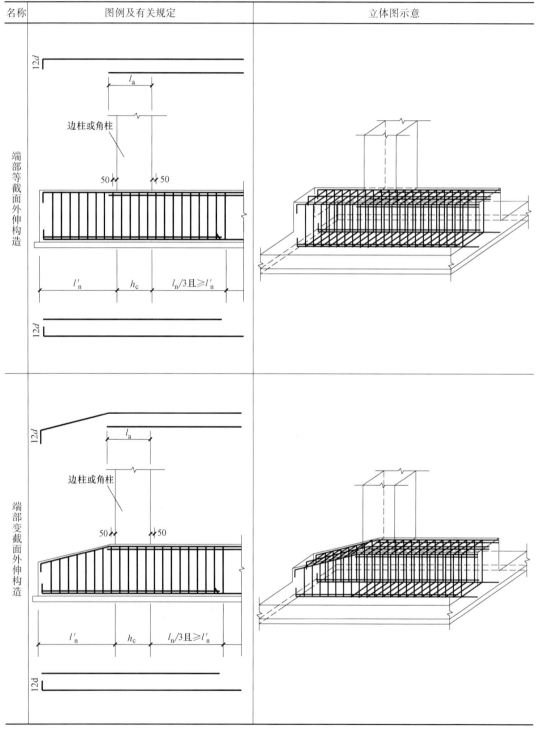

名称	图例及有关规定	立体图示意
端部等截面外伸构造		
端部变截面外伸构造		

9.3 梁板式筏形基础平法施工图实例导读

某工程梁板式筏形基础平法施工图，如图 9-1 所示。

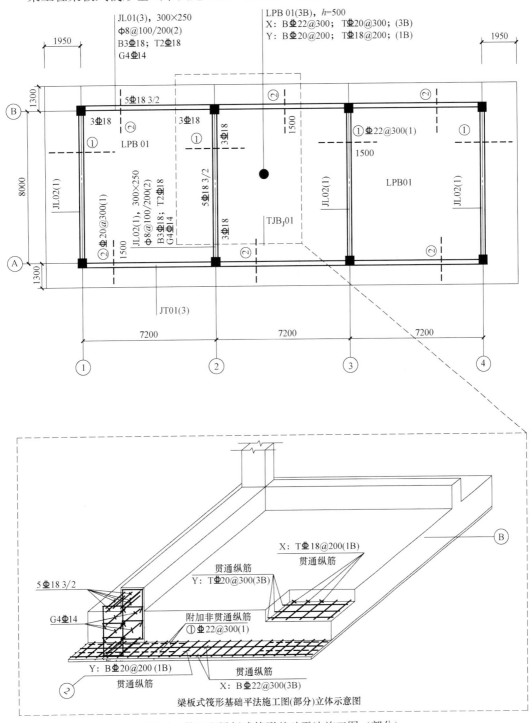

梁板式筏形基础平法施工图(部分)立体示意图

图 9-1 某工程梁板式筏形基础平法施工图（部分）

第10章 桩基承台平法施工图

10.1 桩基承台平法施工图制图规则

桩基承台平法施工图制图规则，如表 10-1 所示。

桩基承台平法施工图制图规则 表 10-1

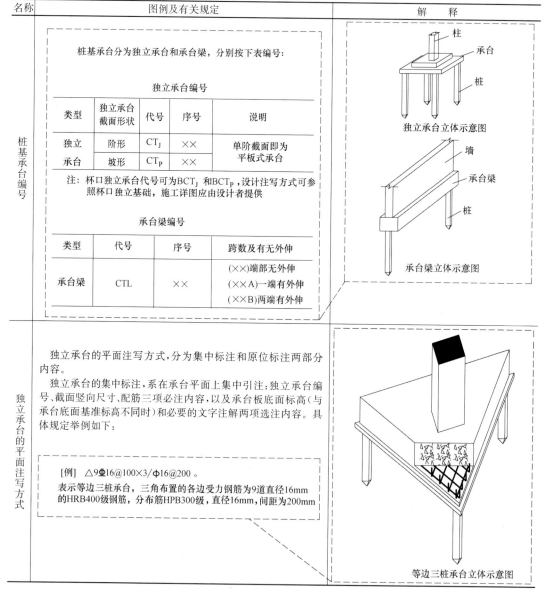

名称	图例及有关规定	解 释
桩基承台编号	桩基承台分为独立承台和承台梁，分别按下表编号： **独立承台编号** 	类型	独立承台截面形状	代号	序号	说明
---	---	---	---	---
独立承台	阶形	CT$_J$	××	单阶截面即为平板式承台
	坡形	CT$_P$	××	| 注：杯口独立承台代号可为BCT$_J$和BCT$_P$，设计注写方式可参照杯口独立基础，施工详图应由设计者提供 **承台梁编号** | 类型	代号	序号	跨数及有无外伸
---	---	---	---
承台梁	CTL	××	(××)端部无外伸 (××A)一端有外伸 (××B)两端有外伸	柱 承台 桩 独立承台立体示意图 墙 承台梁 桩 承台梁立体示意图
独立承台的平面注写方式	独立承台的平面注写方式，分为集中标注和原位标注两部分内容。 独立承台的集中标注，系在承台平面上集中引注：独立承台编号、截面竖向尺寸、配筋三项必注内容，以及承台板底面标高（与承台底面基准标高不同时）和必要的文字注解两项选注内容。具体规定举例如下： 　[例]　△9Φ16@100×3/ϕ16@200 。 表示等边三桩承台，三角布置的各边受力钢筋为9道直径16mm的HRB400级钢筋，分布筋HPB300级，直径16mm，间距为200mm	等边三桩承台立体示意图

名称	图例及有关规定	解释
独立承台的平面注写方式	[例] △7⊕16@100+6⊕18@100×2/φ16@200 。 表示等腰三桩承台,底边受力钢筋为7道直径16mm的HRB400级钢筋,两边对称斜边受力钢筋为6道直径18mm的HRB400级钢筋,分布筋HPB300级,直径16mm,间距为200mm 6⊕18@100 6⊕18@100 φ16@200 7⊕16@100 等腰三桩承台示意图	 等腰三桩承台立体示意图
承台梁的平面注写方式	承台梁 CTL 的平面注写方式,分集中标注和原位标注两部分内容。 承台梁的集中标注内容为:承台梁编号、截面尺寸、配筋三项必注内容,以及承台梁底面标高(与承台底面基准标高不同时)、必要的文字注解两项选注内容。 具体规定举例如下:	

名称	承台梁的平面注写方式		
图例及有关规定	[例] B：4Φ25；T:7Φ25。 表示承台梁底部配置贯通纵筋4Φ25，梁顶部配置贯通纵筋7Φ25。 [例] G4Φ14。 表示承台梁每个侧面配置纵向构造钢筋2Φ14，共配置4Φ14		
解释	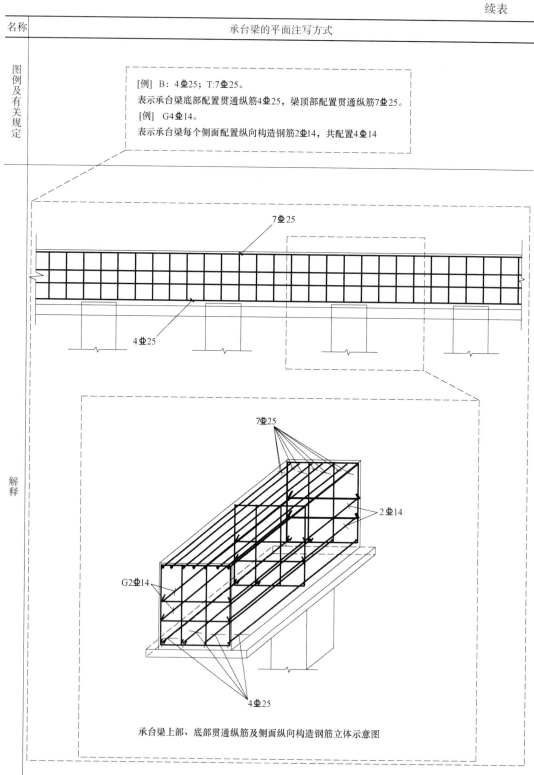 承台梁上部、底部贯通纵筋及侧面纵向构造钢筋立体示意图		

10.2 桩基承台标准构造详图

10.2.1 矩形承台钢筋构造

矩形承台钢筋构造，如表 10-2 所示。

矩形承台钢筋构造 表 10-2

名称	图例及有关规定	立体图示意
矩形承台阶形底板配筋构造	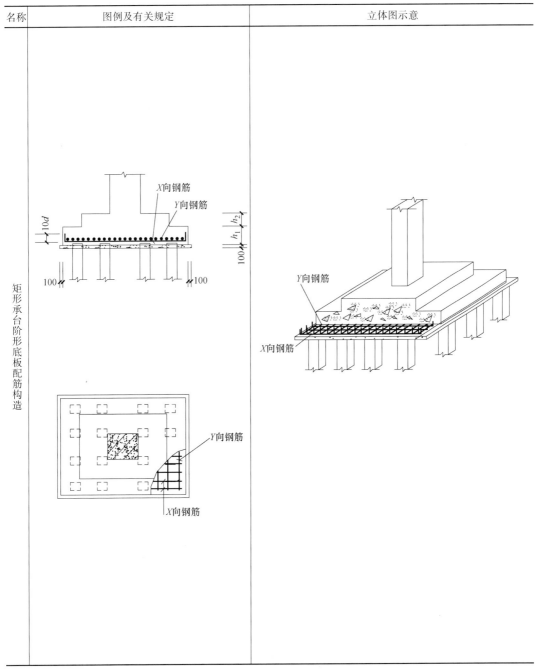	

10.2.2 桩顶纵筋在承台内锚固构造

桩顶纵筋在承台内锚固构造，如表 10-3 所示。

桩顶纵筋在承台内锚固构造   表 10-3

名称	图例及有关规定	立体图示意
桩顶纵筋在承台内锚固构造（一）		
桩顶纵筋在承台内锚固构造（二）		

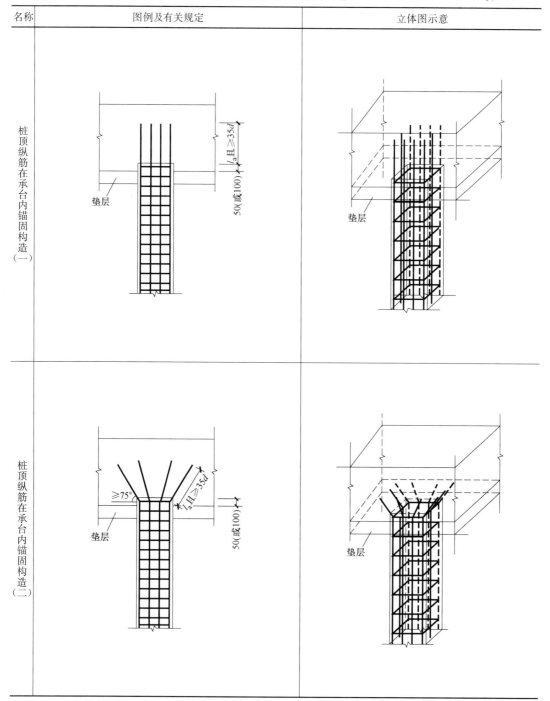

注：当桩直径或桩截面边长小于 800mm 时，桩顶嵌入承台 50mm；当桩径或桩截面边长小于 800mm 时，桩顶嵌入承台 100mm。

190

10.2.3 等边三桩承台与六边形承台配筋构造

等边三桩承台与六边形承台配筋构造，如表 10-4 所示。

等边三桩承台与六边形承台配筋构造　　　　　　　　　表 10-4

名称	图例及有关规定	立体图示意
等边三桩承台CT_J配筋构造	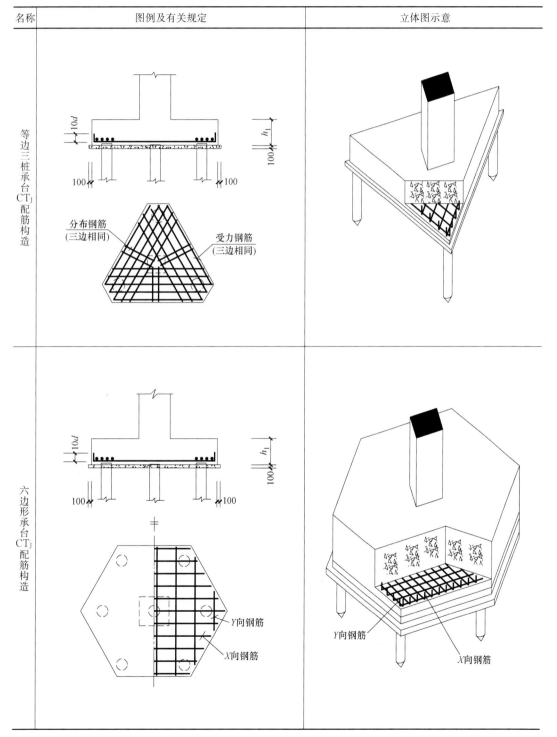	
六边形承台CT_J配筋构造		

10.2.4 承台梁端部钢筋构造

承台梁端部钢筋构造，如表 10-5 所示。

承台梁端部钢筋构造 表 10-5

名称	图例及有关规定	立体图示意
承台梁端部钢筋构造	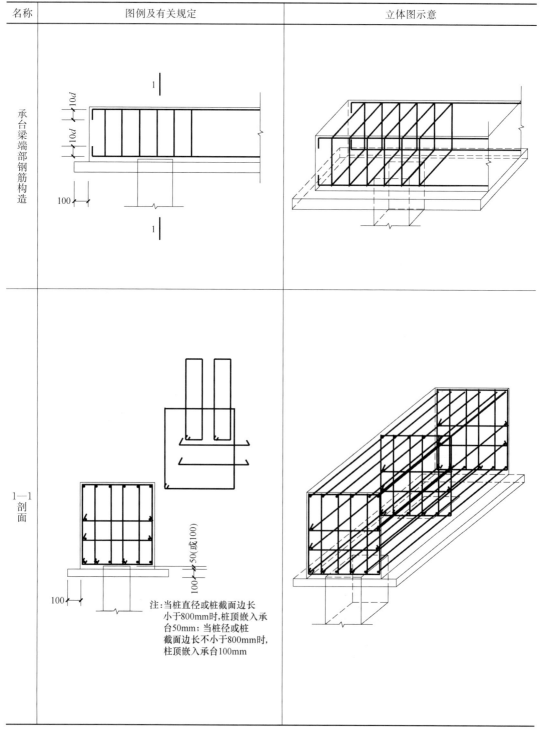	
1—1剖面		

注:当桩直径或桩截面边长小于800mm时,桩顶嵌入承台50mm;当桩径或桩截面边长不小于800mm时,柱顶嵌入承台100mm

10.3 桩基承台平法施工图实例导读

某工程桩基承台平法施工图，如图 10-1 所示。

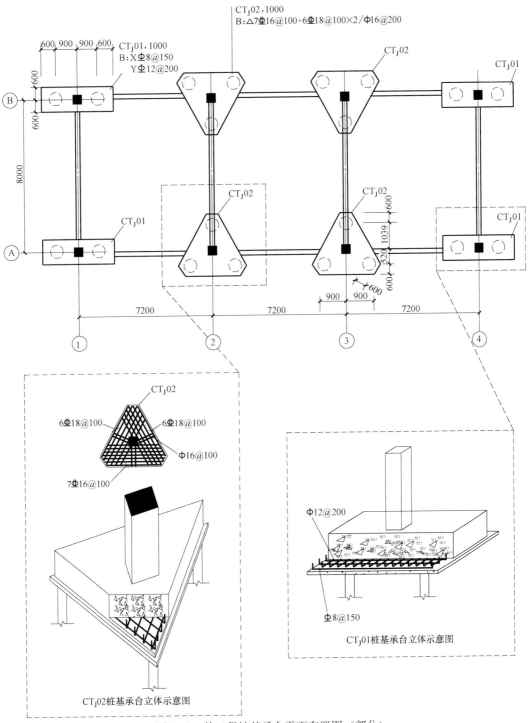

图 10-1 某工程桩基承台平面布置图（部分）

参 考 文 献

［1］ 中国建筑标准设计研究院. 11G101—1 混凝土结构施工图平面整体表示方法制图规则和构造详图：现浇混凝土框架、剪力墙、梁、板［S］. 北京：中国计划出版社，2011.

［2］ 中国建筑标准设计研究院. 11G101—2 混凝土结构施工图平面整体表示方法制图规则和构造详图：现浇混凝土板式楼梯［S］. 北京：中国计划出版社，2011.

［3］ 中国建筑标准设计研究院. 11G101—3 混凝土结构施工图平面整体表示方法制图规则和构造详图：独立基础、条形基础、筏形基础及桩基承台［S］. 北京：中国计划出版社，2011.

［4］ 中国建筑科学研究院. GB 50010—2010 混凝土结构设计规范［S］. 北京：中国建筑工业出版社，2011.

［5］ 中国建筑科学研究院. GB 50011—2010 建筑抗震设计规范［S］. 北京：中国建筑工业出版社，2010.

《房建施工实战系列课程》

《房建施工实战系列课程》针对施工一线人员和高级管理人员的职业特点和工作需要，选取施工人员日常必备的职业技能进行讲解，内容来自一线，接近实战。

本视频系列课程一共包含47门独立课程和9个课程套餐，既可以单独购买，又可以根据自己工作需要以较低的价格成套购买。每个课程都提供了一段免费课程内容让大家观看，以便了解该课程内容。

读者可访问 www.cabplink.com 观看或购买本视频课程（路径如右图）。**现在购买视频，可以赠送中国建筑工业出版社出版的施工类图书。**

读者还可扫描建工社视频课程二维码观看并购买本视频课程（路径如下）。

建工社视频课程